FORSCHUNGSBERICHTE DES LANDES NORDRHEIN-WESTFALEN

Nr. 1967

Herausgegeben im Auftrage des Ministerpräsidenten Heinz Kühn
von Staatssekretär Professor Dr. h. c. Dr. E. h. Leo Brandt

DK 612.842.3 612.366.3

Dr. rer. nat. Joachim Hornung

Max-Planck-Institut für Arbeitsphysiologie, Dortmund
Direktor: Professor Dr. med. Gunther Lehmann

Über Adaptationsverläufe im visuellen System des Menschen

WESTDEUTSCHER VERLAG · KÖLN UND OPLADEN 1968

ISBN 978-3-663-03935-8   ISBN 978-3-663-05124-4 (eBook)
DOI 10.1007/978-3-663-05124-4

Verlags-Nr. 011967

Gesamtherstellung: Westdeutscher Verlag

Inhalt

Das Verhalten der menschlichen Pupille im Verlaufe von Hell- und Dunkeladaptationsvorgängen

1. Einführung

Änderungen der Weite der Pupille des menschlichen Auges werden auf die unterschiedlichsten Weisen ausgelöst. Man kennt die Schlafreaktion, die Lichtreaktion, die Naheinstellungsreaktion (Konvergenztrias), die Lidschlußreaktion und andere; siehe Poos (1949). Außerdem verändert sich die Pupille bei psychischer Erregung, Schreck, Lärm usw. Es ist daher erklärlich, daß das System der *Lichtreaktion* (Abb. 1) nicht ungestört zu beobachten ist, da die anderen Einflüsse nicht völlig ausgeschaltet oder konstant gehalten werden können. Die Störungen der eigentlichen Lichtreaktion sind in zweierlei Weise vorstellbar. Erstens können dem ungestörten Verlauf der Pupillenbewegungen Störungsbewegungen überlagert sein; zweitens kann die Lichtreaktion selbst verändert werden, indem sie beispielsweise einmal kräftiger, einmal weniger kräftig ausfällt.

Relativ hochfrequente, kleinere Schwankungen der Pupillenweite brauchen nicht als Folge spezifizierbarer Nebeneinflüsse, sondern können als Folge eines allgemeinen Rauschens des Systems angesehen werden (STARK und BAKER, 1959). Sehr grob wird die Lichtreaktion durch *Hippus* gestört, wie von HORNUNG (1967) kürzlich wieder beschrieben; eine Erscheinung, die grundsätzliche Schwierigkeiten bereitet und noch nicht aufgeklärt ist.

Trotz all dieser Fremdeinflüsse gelingt es, unter definierten Reizlichtbedingungen reproduzierbare Verhaltensweisen der Pupille zu beobachten. Diesem Thema ist eine große Zahl von Veröffentlichungen gewidmet worden. Die allgemeine Methode ist die, daß man die Intensität eines Reizlichtes moduliert, während man die übrigen Eigenschaften, wie Geometrie und spektrale Zusammensetzung, konstant hält. Möglichst fortlaufend beobachtet wird die Pupillenweite, und zwar je nach der Art der Methode der Durchmesser oder die Fläche.

STARK und SHERMAN (1957), STEGEMANN (1957), BLEICHERT und WAGNER (1957), RIGGS (1963) sowie HORNUNG (1966 b) betrachteten das Pupillensystem (Abb. 1)* als Regelkreis. Die gemeinsame Auffassung dieser Autoren ist die, daß die Intensität des Reizlichtes als Störgröße, die Pupillenfläche als Stellgröße und die Beleuchtungsstärke auf der Retina oder die Trolandgröße als Regelgröße aufzufassen seien.

Die Interpretation der Trolandgröße (oder der Beleuchtungsstärke auf der Retina) als Regelgröße ist nicht unproblematisch: Erstens beschreibt die Trolandgröße die Reizlichtverhältnisse nur unvollständig, da in ihr die Größe der beleuchteten Netzhautareale und die Farbe des Lichtes nicht zum Ausdruck kommen; zweitens fehlt ein Sollwert der Regelgröße (was allerdings, wie HORNUNG 1966 b zeigte, der mathematischen Behandlung des Systems als Regelkreis nicht im Wege steht); drittens gibt es auch andere mögliche Auffassungen, zum Beispiel, daß die Sehschärfe auf ein Optimum eingeregelt wird, siehe CAMPBELL und GREGORY (1960).

In der vorliegenden Arbeit haben wir die Pupillenweite als Funktion der Reizlichthelligkeit angesehen. Die Lichtreaktion der Pupille kann grundsätzlich unter zwei Bedingungen untersucht werden: Einmal bei funktionierender Pupille (die Eintrittspupille des optischen Systems Auge ist die natürliche, sich nach dem Licht einstellende Pupille, der Regelkreis ist intakt); zum anderen bei künstlich weitgestellter oder vorgesetzter

---

* Die Abbildungen stehen im Anhang ab Seite 26.

künstlicher Pupille (die Regelung ist außer Funktion). Die Ergebnisse sind allerdings unter gewöhnlichen Umständen nicht sehr verschieden, da das System einen kleinen Verstärkungsfaktor besitzt, siehe HORNUNG (1966b).

Unsere Fragestellung ist, allgemein gesprochen, die folgende: Gegeben ist ein System, siehe Abb. 2a, hier der Pupillenregelkreis, mit einer Eingangsgröße $x(t)$, hier die Reizlichthelligkeit und einer Ausgangsgröße $y(t)$, hier die Pupillenweite. Vorausgesetzt wird, daß y in eindeutiger Weise von x und nur von x abhängt. Wir fragen nach der Art dieser Abhängigkeit. Ausdrücklich nicht zu unserem Problemkreis zählen wir die Frage, welcher Art die Teilsysteme des Pupillensystems sind und wie diese Teilsysteme fotochemisch, neuronal und muskulär aufgebaut sind und zusammenwirken.

Die Störgröße Reizlichtintensität kann man zeitlich konstant oder zeitlich veränderlich wählen, je nachdem, ob man die statischen oder die dynamischen Eigenschaften des Systems kennenlernen möchte. Bei zeitlich veränderlichen Störgrößen ist zu fragen, welche Arten der Modulation zweckmäßig sind. Wenn man annimmt, daß für das betrachtete System oder für ein Modell des Systems beschreibende Differentialgleichungen bekannt sind, so wird man diejenigen Arten der Modulation bevorzugen, für die einfache und übersichtliche Lösungen der Differentialgleichungen zu erwarten sind. Als solche Störgrößen kommen in Betracht:

1. Sprungfunktionen (zur Aufnahme des Übergangsverhaltens)
2. Harmonische Störung
   (zur Aufnahme von Amplituden- und Phasenfrequenzcharakteristik)
3. Impulse (idealisiert: Dirac-Funktionen)

Der Grund dafür, daß man gerade diese bevorzugt, ist in erster Linie ein mathematischer. Doch welche dieser Störfunktionen sind im Zweifelsfalle die geeignetsten? Wie können die Ergebnisse für die verschiedenen Arten der Störung miteinander verglichen werden? Bei *linearen* Systemen liegt die Sache einfach: Grundsätzlich genügt eine einzige Übergangsfunktion, d. h. die Kenntnis des Verhaltens nach einem Sprung der Störgröße mit beliebigem Ausgangs- und Endwert, um das System vollständig zu analysieren. Genau so gut genügt bei linearen Systemen eine Amplituden- und Phasenfrequenzcharakteristik für eine einzige Amplitude und einen einzigen Gleichwert (zum Beispiel 0) der Störgröße. Ist das Verhalten des Systems bei sprungförmiger Störung bekannt, so kann das Verhalten bei harmonischer Störung vorausgesagt werden und umgekehrt, siehe OPPELT (1964).

Das Pupillensystem ist aber wesentlich nichtlinear, was ausführlich von HORNUNG und STEGEMANN (1964) diskutiert wurde. Die wichtigsten *statischen* Nichtlinearitäten sind Multiplikation von Stellgröße und Störgröße, näherungsweise logarithmische Empfindlichkeit der Retina und Begrenzerwirkung. Hinzu kommen dynamische Nichtlinearitäten, die sich in dem von HORNUNG (1967) sogenannten *Frequenzeffekt* der Pupille äußern und die von CLYNES (1962) auf eine von ihm sogenannte *unidirectional rate sensitivity* im System zurückgeführt werden (die Diskussion hierüber ist noch nicht abgeschlossen).

Die Nichtlinearitäten sind so zahlreich und so ausgeprägt, daß eine näherungsweise Behandlung mit den Theorien für lineare Systeme nicht in Frage kommt, selbst nicht für kleine Amplituden der Reizlichtschwankungen. Damit ist eine Beschränkung auf bestimmte Arten der Störung nicht mehr möglich, weil keine generellen Verfahren existieren, um das Verhalten des Systems für die übrigen Arten der Störung vorauszusagen. In doppelter Hinsicht müssen mehr Varianten der Störung angewendet werden: Erstens kann man sich nicht auf sprungförmige oder auf harmonische Störung allein beschränken. Zweitens muß man auch innerhalb einer solchen Klasse von Störfunktionen weitergehend variieren. Denn eine Verdoppelung der Amplitude oder der Sprunghöhe zieht nicht notwendig eine Verdoppelung der Ausgangsgrößenänderung nach sich. Überdies kann die Antwort des Systems vom Gleichwert der Störgröße abhängen. Die sprungförmige Modulation der Störgröße kann durch zwei Parameter gekennzeichnet werden: Den Anfangswert x_1 und den Endwert x_2, siehe Abb. 2b. (Im Falle der Pupillenreaktion sprechen wir von den Leuchtdichten L_1 und L_2 der Lichtquelle.) Die Differenz dieser beiden Größen ist die Sprunghöhe; sie kann positiv oder negativ sein. Der Zeitpunkt t_0 des Sprungs ist für Systeme, die ihre Eigenschaften nicht von selbst verändern, unerheblich. Die harmonische Modulation, Abb. 2c, besitzt hingegen drei wesentliche Parameter, nämlich den Gleichwert x_G, die Amplitude x_A und die Schwingungsdauer T. Demnach kann man vermuten, daß man bei systematischer Variation aller drei Parameter der harmonischen Modulation als Störfunktion ein System genauer kennenlernen kann als bei systematischer Variation der zwei Parameter der Sprünge. Die eine Art der Störung macht jedoch die andere nicht überflüssig. Der Vergleich der Ergebnisse und die geschlossene Beschreibung des Systems gelingt, wenn überhaupt, erst im Rahmen einer *Theorie* des Systems, meist in Form eines *Modells*. Unter einem Modell eines Systems verstehen wir ein durchschaubares Ersatzsystem, zum Beispiel abstrakt-mathematischer Art, das die Abhängigkeit der Ausgangsgröße von der Eingangsgröße in den untersuchten Fällen so wie beobachtet wiedergibt, aber auch in allen übrigen Fällen eine mögliche Antwort zeigt, die zur Voraussage dienen kann.

Die vorliegende Arbeit handelt von den Pupillenbewegungen bei sprungförmiger Änderung der Reizlichthelligkeit. Über die Pupillenbewegungen nach einem Sprung *von Dunkel nach Hell* liegt die folgende Literatur vor:

GRADLE und ACKERMANN (1932), GRADLE und EISENDRATH (1923), HAKEREM (1962), HORNUNG und STEGEMANN (1964), MACHEMER (1935), STARK (1962) sowie VAN DER TWEEL und DENIER VAN DER GON (1959) beschrieben die Kontraktion der Pupille unmittelbar nach dem Sprung (Primärkontraktion, siehe Abb. 3).

HEDDAEUS (1904) und SCHIRMER (1894) schilderten verbal, jedoch ohne Angabe von Meßwerten, eine anschließende Wiedererweiterung (Redilatation).

BLEICHERT und WAGNER (1957), BRUNN u. a. (1941), (Abb. 3), und CLYNES (1962) haben gemessene Abläufe der Pupillenbewegungen mit Primärkontraktion und Redilatation in Diagrammen dargestellt. Jedoch verwendeten sie nur ganz spezielle Anfangs- und Endwerte (L_1 und L_2) der Reizlichtintensität und wenig standardisierte Versuchsbedingungen.

Erst HORNUNG (1966a) begann, das Verhalten der Pupille nach einem Sprung von Dunkel nach Hell systematisch zu studieren. Er verwendete sehr verschiedene Werte für die Helligkeit nach dem Sprung (L_2) im Bereich von 0,01 bis 10 000 Lux auf der Cornea. Die Beobachtung wurde über bis zu 30 min nach dem Sprung erstreckt. Alle Versuche wurden einheitlich mit Ganzfeldbeleuchtung des vom Reizlicht getroffenen Auges durchgeführt. Lag die Helligkeit nach dem Sprung unter 250 Lux ($L_1 = 0$, $L_2 < 250$ Lux), so traten, wie erwartet, Primärkontraktion und Redilatation auf. Wir sprachen vom Typ A des Verhaltens der Pupille. Bei hohen zweiten Helligkeiten hingegen ($L_1 = 0$, $L_2 > 1500$ Lux) wurde ein ganz anderes Verhalten beobachtet: Auf die rasche Primärkontraktion folgt eine wesentlich langsamere weitere *Kontraktionsbewegung*, Nachkontraktion genannt. Wir nannten diese Verhaltensweise den Typ B. Der vorliegenden Arbeit blieb die Klärung der folgenden Fragen vorbehalten:

1. Kann eine 1966 ausgesprochene Vermutung bestätigt werden, daß auch beim Typ B nach der Primärkontraktion zuerst eine Redilatation einsetzt, die erst später von der Nachkontraktion abgelöst wird?

2. Wie verlaufen die Pupillenbewegungen nach Sprüngen von Dunkler nach Heller, nicht nur von völlig Dunkel aus ($L_1 = 0$), sondern für die verschiedensten Kombinationen der Helligkeiten vor und nach dem Sprung?

Zur Beantwortung dieser Fragen wurden an die Methode der Versuche die folgenden Anforderungen gestellt: Verbesserungen gegenüber 1966 sollten sein: Genauere zeitliche Auflösung der Pupillenbewegungen durch Verwendung einer schnelleren Kamera; weitergehende Variation der Reizlichtintensitäten; größere Zahl von Versuchen. Beibehalten wurden: Ganzfeldbeleuchtung; »weißes« Xenonlampenlicht ohne Veränderungen des Spektrums; sorgfältige Voradaptation.

Die umgekehrten Sprünge, *von Hell nach Dunkel*, wurden bereits von folgenden Autoren verwendet:

BROWN und PAGE (1939), CRAWFORD (1936), HAKEREM (1962) und andere beobachteten nach dem Ausschalten eines vorher konstanten Lichtes eine mehr oder weniger rasche Dilatationsbewegung, die nach einigen Minuten auf die statische Pupillenweite im Dunkeln führt.

ALPERN und CAMPBELL (1963) fanden bei sehr hoher Lichtintensität vor dem Sprung nach Dunkel: in den ersten Sekunden nach dem Sprung eine rasche Dilatation, darauf eine ebenfalls schnelle, kräftige Rekontraktion, und erst später eine langsame, aber ausgiebige Dilatation zur endgültigen Pupillenweite im Dunkeln, die erst nach rd. 30 min annähernd erreicht wird. Dieser komplizierte Bewegungsablauf wurde von HORNUNG (1966a) wiedergefunden, jedoch konnte damals nicht geklärt werden, wann dieser und wann der Ablauf mit einfacher Dilatation auftritt. In der vorliegenden Arbeit soll durch systematische Variation der Helligkeiten vor und nach einem Sprung von Heller nach Dunkler geklärt werden, welche Bewegungstypen es gibt und wann diese gefunden werden können. Ansonsten wurden dieselben Bedingungen gestellt wie für die Versuche mit den umgekehrten Sprüngen.

2. Methode

Der Versuchsaufbau, Abb. 4, ist gegenüber unseren früheren Arbeiten verbessert worden. Das Reizlicht stammt von einer Xenon-Hochdrucklampe 450 Watt, Fa. Osram, die von einem hochstabilisierten Gleichstromnetzgerät 50 Volt, 40 Ampere, Fa. Heinzinger, München, gespeist wurde. Die Restwelligkeit des Ausgangsstroms des Netzgerätes ist kleiner als 10^{-3}; die Schwankungen der Lichtleistung ergaben sich zu maximal $5 \cdot 10^{-3}$. Das aus dem Xenon-Kolben austretende Licht wird von einem kleineren sphärischen und von einem größeren elliptischen Spiegel eingefangen und von einem Linsensystem gebündelt. Am Punkt der stärksten Bündelung steht eine Mattglasscheibe, die das Licht zerstreut. Von dort tritt ein großer Teil des Lichts in eine ULBRICHTsche Kugel von 10 cm Durchmesser ein. Die Lichteintrittsöffnung hat einen Durchmesser von 16 mm; ihr gegenüber liegt eine Einblicköffnung von 23 mm Durchmesser. In der Mitte der Kugel hängt ein sogenannter Schatter, der von der Einblicköffnung her gesehen die Lichteintrittsöffnung verdeckt. Das Innere der Kugel und der Schatter sind mit Wörtinol-Zifferblattlack, Fa. Wörwag, Stuttgart, matt-weiß gespritzt. Bei geeigneter Einstellung der Mattglasscheibe erscheint das Innere der Kugel von der Einblicköffnung her gesehen gleichmäßig hell; durch sorgfältige Justage kann erreicht werden, daß der Schatter ebenso hell erscheint wie die Kugelinnenfläche. Das Äußere der Kugel ist mit Tuch beklebt, an das sich die Versuchsperson mit Stirnbein, Nasenbein und Jochbein so anlehnt, daß das Innere der Kugel das gesamte Gesichtsfeld des rechten Auges einnimmt.

Aus dem Xenonlampenlicht wird der UV-Anteil mit einem Filter GG 13, Fa. Schott, entfernt. Die Hitze wird durch ein Glas T 8 derselben Firma abgehalten. Die Leuchtdichte der Kugelinnenfläche kann auf alle Werte von 0 bis 20 000 asb eingestellt werden, indem Graufilter NG 4, 5, 9 oder 11, Fa. Schott, das Xenonlampenlicht abschwächen. Die Beleuchtungsstärke auf der Cornea ist somit auf Werte von 0 bis 20 000 Lux einstellbar. Die Helligkeit des Reizlichtes wird gemessen, indem die Einblicköffnung als Lichtquelle aufgefaßt und mit einem in ca. 2 m Entfernung aufgestellten Leuchtdichtenormal, Fa. Schmidt und Haensch, verglichen wird. Zur Messung dient ein Flimmerfotometer derselben Firma.

Das linke Auge wird mit Hilfe einer Grass Kymograph Camera Model C 4 auf Kodak High Speed Infrared Film 35 mm aufgenommen. Die Bildfrequenz beträgt bis zu 2,5 Bilder/sec, womit eine genügende zeitliche Auflösung der Pupillenbewegungen erzielt wurde. Auf den erhaltenen Bildern wird später mit Hilfe einer Meßlupe der horizontale Pupillendurchmesser auf $1/_{100}$ mm genau ausgemessen. Die für die Infrarotaufnahmen erforderliche Beleuchtung des linken Auges stammt von einem Xenon-Blitzlichtgerät der Fa. Drello, Mönchengladbach, das mit der Camera synchronisiert ist. Das Blitzlicht ist durch ein Kodak Wratten Gelatine Filter, B glass cemented, Nr. 87 C, völlig unsichtbar gemacht.

Die Versuchsperson sitzt in dem verdunkelten und klimatisierten Versuchsraum in einem bequemen Versuchssitz, der in der Höhe und Neigung den Körpermaßen angepaßt werden kann. Der Sitz ist mit einer verstellbaren Fußstütze und mit einer verstellbaren Kopfstütze ausgestattet. Die Position des Kopfes ist durch eine für jede Versuchsperson gesondert angefertigte Zubißplatte festgelegt. Dadurch wird erreicht, daß die einmal eingestellte Stellung des Kopfes in jedem Versuch sofort wiedergefunden wird. Beim Einstellen der Apparatur auf eine Person wird die Stange, an der die Zubißplatte befestigt ist, in Gips eingegossen.

Die Stellung der Augen wird dadurch festgelegt, daß ein schwachrotes Fixationslicht über eine Glasscheibe so dargeboten wird, daß es in der Mitte des Kameraobjektivs und in 50 cm Entfernung vom Auge erscheint.

Die Versuchspersonen Kl ♂, 25 Jahre alt, Hk ♀, 20 Jahre, und Str ♂, 18 Jahre, zeigten keine bedenklichen Sehschwächen.

Die Versuche begannen mit einem Dunkelaufenthalt von 20 min außerhalb der Apparatur. Sodann begab sich die Versuchsperson in den Versuchssitz und blickte in die ULBRICHT-Kugel, in der die erste Helligkeit L_1 herrschte. Die Blickrichtung war durch das Fixationslicht festgelegt; Lidschläge waren der Versuchsperson ausdrücklich erlaubt. Nach weiteren 6 min (in Kontrollversuchen 13 min) wurde die Helligkeit sprungartig auf den Wert L_2 eingestellt und der Versuch über weitere 10–12 min fortgesetzt. Die Bildfrequenz der Infrarotaufnahmen betrug gewöhnlich 0,2 Bilder/sec, in den ersten 30 sec nach dem Sprung der Helligkeit jedoch 2,5 Bilder/sec. In Kontrollversuchen verwendeten wir die hohe Bildfrequenz auch vor dem Sprung und über längere Zeit nachher.

Die von den fotografischen Aufnahmen abgelesenen horizontalen Pupillendurchmesser wurden in Tabellen eingetragen und in Zeitdiagrammen dargestellt.

3. Ergebnisse

3.1 Sprünge von völlig Dunkel nach Hell

Vier typische Übergangskurven nach Sprüngen der Reizlichtintensität von völlig Dunkel auf verschiedene Werte sind in Abb. 5 dargestellt. Die Versuchsperson saß 26 min im

Dunkeln, und vom Zeitpunkt 0 an wurde die 2. Helligkeit dargeboten. Allen Übergängen gemeinsam ist die rasche sogenannte *Primärkontraktion*, die hier nicht näher aufgelöst wird. (Aus früheren eigenen Messungen, HORNUNG (1966a), und aus Messungen anderer Autoren ist bekannt, daß die Primärkontraktion näherungsweise als exponentiell von 1. Ordnung aufgefaßt werden kann und eine Zeitkonstante von ca. 1 sec hat.) Nach der Primärkontraktion findet man bei kleineren 2. Helligkeiten die 1966 bereits beschriebene *Redilatation*, die nach 2–3 min auf die endgültige, der jeweiligen Helligkeit entsprechende statische Weite führt. Bei großen zweiten Helligkeiten, ein Beispiel zeigt die untere Kurve, wird nach der Primärkontraktion nur ein vorläufiges Minimum erreicht, welches im Laufe der über Minuten anhaltenden, von HORNUNG (1966a) gefundenen und sogenannten *Nachkontraktion* deutlich unterschritten wird.

Wegen der verbesserten zeitlichen Auflösung des Verhaltens der Pupille kurz nach der Primärkontraktion (2,5 Bilder/sec) ist nun ein bisher nicht beobachtetes Detail zutage getreten: Nach der Primärkontraktion, jedoch vor der Nachkontraktion, findet man eine beginnende Redilatation, die nach ca. 20 sec durch die Nachkontraktion abgelöst wird. Dieser mehrphasige Verlauf bei hohen 2. Helligkeiten ist außergewöhnlich gut reproduzierbar. Für *mittlere* 2. Helligkeiten stellt sich das neue Detail so dar, daß vor dem frühen Erreichen der endgültigen Weite eine etwas überschießende Primärkontraktion mit wenig ausgiebiger Redilatation zu sehen ist (Versuch mit $L_2 = 600$ asb). Unsere frühere Beschreibung (1966a) der langfristigen Übergänge des Pupillensystems ist also wie folgt zu bereichern: Bei Sprüngen von völlig Dunkel nach Hell setzt nach der Primärkontraktion in jedem Falle zunächst eine Redilatation ein. Sie wird bei kleinen 2. Helligkeiten über 2–3 min fortgesetzt und ist entsprechend ausgiebig. Bei mittleren 2. Helligkeiten führt die Redilatation schon nach ca. ½ min zur endgültigen Weite; bei hohen 2. Helligkeiten hingegen wird sie nach ca. ½ min von einer rd. 6 min dauernden Nachkontraktion abgelöst, die bei kleineren Pupillenweiten endet als sie zunächst durch die Primärkontraktion erreicht wurden.

In Abb. 6 sind die extremen Typen dieser Bewegungen noch einmal dargestellt, wie sie sich durch Mittelung aus 8 bzw. 7 Versuchen ergaben. Die kleinen Kreise der oberen Kurve stellen für den jeweiligen Zeitpunkt Mittelwerte aus 8 Versuchen mit $L_1 = 0$ und $L_2 < 200$ asb dar, bei der unteren Kurve sind es Mittelwerte aus 7 Versuchen mit $L_1 = 0$ und $L_2 > 1000$ asb. Die Streuung bei der unteren Kurve ist außerordentlich gering; für die obere Kurve zeigte sich in Übereinstimmung mit früheren Beobachtungen eine größere Streuung. Aus Abb. 6 wurde die Zeitkonstante der Redilatation für Versuchsperson Str zu 0,6 min ermittelt, wobei der Kurvenverlauf als eine Exponentialfunktion 1. Ordnung angesehen wurde. Unter der gleichen Voraussetzung fanden wir für die Nachkontraktion eine Zeitkonstante von 1,6 min, ein Wert, der etwas niedriger liegt als der 1966 gefundene. Die Nachkontraktion erweist sich jedoch wieder als deutlich langsamer als die Redilatation.

In unserer Arbeit von 1966a hatten wir für die Verhaltensweisen der Pupille die Bezeichnungen Typ A und Typ B eingeführt, die wir sinngemäß beibehalten wollen, wobei der Typ B nun genauer bekannt ist. Wir bezeichnen die Typen des Verhaltens der Pupille im Verlauf einer Helladaptation wie folgt mit

Typ A, wenn nur Primärkontraktion und Redilatation auftreten,
Typ B, wenn Primärkontraktion, Redilatation und Nachkontraktion auftreten.

Wir möchten es offen lassen zu definieren, wo die Grenze zwischen diesen Typen liegt und ob man für mittlere zweite Helligkeiten von einem Zwischentyp sprechen soll. Wir können aber feststellen, daß die Typen A und B bei veränderlicher zweiter Helligkeit kontinuierlich ineinander übergehen.

10

3.2 Sprünge von verschiedenen Niveaus nach Heller

Im vorigen Absatz wurden die Bewegungen der Pupille besprochen, die man erhält, wenn nach einem längeren Aufenthalt im völlig Dunkeln auf verschiedene Helligkeiten übergegangen wird. Damit ist nur ein Teil der möglichen Kombinationen von L_1 und L_2 mit $L_1 < L_2$ erfaßt. Nun variierten wir L_1 und L_2 systematisch in Stufen jeweils um den Faktor 10. Sämtliche Versuche einer solchen Versuchsreihe an Versuchsperson Str sind in Abb. 7 dargestellt. Der Übersichtlichkeit halber sind die Kurven geglättet.

Nach dem Helligkeitssprung zum Zeitpunkt 0 findet man in allen Fällen die rasche Primärkontraktion, die, soweit ersichtlich, stets gleich schnell abläuft. Nach etwa 5 sec ist die Primärkontraktion beendet; die Pupillenweite nimmt vorläufig ein Minimum an, dessen Tiefe in erster Linie von der zweiten Helligkeit abhängt. Allerdings sinken die Minima bei Sprüngen auf $L_2 = 10\ 000$ asb mit zunehmender 1. Helligkeit noch etwas tiefer ab. Die Minima für die verschiedenen 1. Helligkeiten liegen bemerkenswert dicht beieinander. Für $L_1 = 0$ asb beispielsweise bewirkt ein Sprung auf $L_2 = 0{,}1$ asb eine Kontraktion von 8 auf 5 mm, ein Sprung auf eine 100 000mal so hohe Helligkeit eine Kontraktion von 8 auf 3 mm. Alle übrigen vorläufigen Minima liegen in diesem kleinen Bereich zwischen 5 und 3 mm.

Nach der Primärkontraktion beobachtet man in allen Varianten eine Redilatationsbewegung, die stets ungefähr mit der gleichen Geschwindigkeit (Anstieg der Tangente) einsetzt. Bei niederen zweiten Helligkeiten verläuft die Redilatation ungestört, bis die endgültige Pupillenweite nach einigen Minuten erreicht wird. Bei hohen zweiten Helligkeiten (1 000 und 10 000 asb) erweitert sich die Pupille im Verlaufe der Redilatation um etwa ½ mm; dann schließt sich immer eine Nachkontraktion an. Nur bei niederen ersten Helligkeiten ist die endgültige Pupillenweite geringer als im vorläufigen Minimum nach der Primärkontraktion. Bei hohen ersten Helligkeiten wird das vorläufige Minimum später nicht mehr unterschritten.

Bei mittleren zweiten Helligkeiten sind die Ergebnisse etwas uneinheitlich. Versuchsperson Str, von der alle Kurven der Abb. 7 stammen, zeigte bei $L_2 = 100$ asb im Gegensatz zu anderen Versuchspersonen gelegentlich auffallende Schwankungen, deren Ursache unbekannt geblieben ist. Da die anderen Versuchspersonen diese großen Schwankungen nicht zeigten, möchten wir ihnen für die Systematik der Pupillenbewegungen keine große Bedeutung beimessen.

3.3 Sprünge von Heller nach Dunkler

Zwei gegensätzliche Verhaltensweisen der Pupille nach einem Sprung von Heller nach Dunkler findet man in der Abb. 8. Die Kurvenzüge verbinden die Durchmesser miteinander, die auf den fotografischen Aufnahmen aus zwei Einzelversuchen ausgemessen wurden. Die punktierte Kurve stellt die Ergebnisse aus einem Versuch dar, bei dem die Versuchsperson nach dem obligaten Dunkelaufenthalt von 20 min zunächst 6 min lang 1000 asb dargeboten bekam. Daraufhin wurde zum Zeitpunkt 0 die Leuchtdichte der Kugelinnenfläche auf 0,1 asb abgeschwächt. Bei 1000 asb hatte sich ein Durchmesser von etwas weniger als 3 mm eingestellt. Nach dem Sprung beobachtet man eine schnelle und kräftige Dilatationsbewegung, die nach rd. 20 sec abgeschlossen ist. (In unserer Arbeit von 1966a ermittelten wir die Zeitkonstante der Primärdilatation zu 4 sec.) Nach dieser Dilatation ist der endgültige Pupillendurchmesser für die zweite Helligkeit, soweit dies erkennbar ist, schon erreicht. Der andere Versuch unterscheidet sich von dem soeben geschilderten nur dadurch, daß die erste Helligkeit nicht 1000, sondern 10 000 asb beträgt. Die zweite Helligkeit ist dieselbe. In der ersten Helligkeit stellt sich ein etwas kleinerer Pupillendurchmesser ein. Nach dem Sprung zum Zeitpunkt 0 beginnt die Reaktion wie vorher mit einer schnellen Primärdilatation, die aber nach etwa 10 sec auf halbem Wege abgebrochen wird. Es folgt eine Rekontraktion zu einem neuen Minimum hin, das nach etwa 1 min erreicht wird. Daran schließt sich eine langsame und langanhaltende Nachdilatation an, die erst nach ungefähr 6 min beendet ist. Dann hat sich der gleiche endgültige Pupillendurchmesser eingestellt wie in dem punktiert gezeichneten Versuch.

Durch systematische Variation der ersten und der zweiten Helligkeit gelang es, die überhaupt vorkommenden Verhaltenstypen der Pupille bei Sprüngen von Heller nach Dunkler aufzufinden und den Reizlichtbedingungen zuzuordnen. In Abb. 9 sind die Ergebnisse einer Versuchsserie an Versuchsperson Kl dargestellt. Nachdem die Versuchsperson 6 min lang der ersten, höheren Helligkeit ausgesetzt war und sich ein relativ enger Pupillendurchmesser eingestellt hatte, wurde zum Zeitpunkt 0 die zweite, niedrigere Helligkeit eingestellt. In allen Fällen beginnt der Bewegungsablauf mit einer raschen Primärdilatation, deren Anfangsgeschwindigkeit immer annähernd die gleiche ist. Bei $L_1 = 10$ asb, bei $L_1 = 100$ asb und $L_2 \leq 0,1$ asb sowie bei $L_1 = 1000$ asb und $L_2 = 0$ asb läuft die Primärdilatation ungestört bis zur endgültigen Pupillenweite von fast 8 mm. Bei mittleren ersten Helligkeiten ($L_1 = 100$ asb und $L_1 = 1000$ asb) und nicht verschwindenden zweiten Helligkeiten erreicht die Pupillenweite durch die Primärdilatation ein absolutes Maximum, und zwar im allgemeinen nach 1–2 min. Es folgt eine langsame Rekontraktion. Bei $L_1 = 1000$ asb und $L_2 = 100$ asb liegt das Maximum schon früher, und die Rekontraktion ist schneller. Damit ist der Übergang zu den Kurven für $L_1 = 10\,000$ asb gegeben. Auch hier wird schon nach ca. 10 sec der spitze Gipfel erreicht; die Rekontraktion ist verhältnismäßig schnell, und es folgt die langsame, bei niederen zweiten Helligkeiten ausgiebige Nachkontraktion.

In Abb. 9 kann man drei Typen des Verhaltens der Pupille im Verlauf einer Dunkeladaptation unterscheiden, die wir wie folgt bezeichnen wollen:

Typ C weist nur eine monotone Dilatation auf;
Typ D zeigt eine Primärdilatation mit einer nachfolgenden (meist langsamen) Rekontraktion;
Typ E ist gekennzeichnet durch Primärdilatation, (schnellere) Rekontraktion und langsame Nachkontraktion.

Die Durchsicht unseres gesamten Materials, von dem wir in den Abbildungen nur einen kleinen Teil darstellen konnten, ergab, daß die verschiedenen Typen bei Variation der Helligkeiten in kleinen Schritten allmählich ineinander übergehen. Es ist daher nicht sinnvoll, nach den genauen Grenzen der Reizlichtbedingungen für die einzelnen Typen zu fragen. Überdies muß mit erheblichen Unregelmäßigkeiten in den Pupillenbewegungen gerechnet werden, wie dies in den Originalkurven der Abb. 5 und 8 schon zum Ausdruck kam sowie auch mit intra- und interindividuellen Streuungen.

4. Diskussion

Unsere Versuche haben gezeigt, daß das Verhalten der Pupille im Verlaufe von Hell- und Dunkeladaptationsvorgängen ebenso differenziert wie regelmäßig ist. Der Frage nach dem »Warum« gingen wir auf drei Wegen nach.
Zunächst versuchten wir, die beobachteten Erscheinungen auf ihre fotochemischen und neuronalen Ursachen zurückzuführen. Nach dem Ort des Sitzes der Ursachen können wir die Retina, afferente Bahnen, höhere Zentren, efferente Bahnen und Irismuskulatur unterscheiden. Man kann vermuten, daß sich ein großer Teil der entscheidenden Vor-

gänge schon in der Retina abspielt. Es war jedoch nicht möglich, an Hand der fotochemischen und neurophysiologischen Literatur über spekulative Interpretationen hinauszukommen. Zumeist scheitern alle Überlegungen daran, daß kaum vergleichbare Untersuchungen durchgeführt wurden. Die Versuchsbedingungen unserer Arbeit sind vor allem Ganzfeldbeleuchtung, Variation der Leuchtdichten über 7 Zehnerpotenzen und das visuelle System des Menschen als Versuchsobjekt. Außerdem wird die Erklärung unserer Ergebnisse dadurch erschwert, daß wir immer die gesamte Retina beteiligt haben mit all den komplizierten räumlichen Interaktionen. Die Antwort der Pupille ergibt sich in unbekannter Weise aus der Summe oder dem Durchschnitt der zahlreichen On- und Off-Reaktionen, welche in der Retina gebildet und durch spezifische Neurone weitergeleitet werden.

Nachdem die Frage nach den realen Ursachen für die beobachteten Phänomene offengelassen werden mußte, beschritten wir einen anderen Weg, um das Material zu interpretieren: Wir fragten, ob eine formale Analyse der Bewegungstypen uns über die reine Feststellung von Sachverhalten hinaushelfen kann. Ansätze zu Modellen für das Pupillensystem findet man schon bei HORNUNG und STEGEMANN (1964), CLYNES (1962), SANDBERG und STARK (1962), SOBEL, SANDBERG und STARK (1962) sowie bei WEBSTER (1967). Jedoch konnten diese Autoren die in der vorliegenden Arbeit mitgeteilten Befunde nicht berücksichtigen, insbesondere die, die in einem in Abb. 10 dargestellten Versuch sowohl für einen Übergang von Dunkel nach Hell als auch für einen Übergang von Hell nach Dunkel eindrucksvoll in Erscheinung treten. (In Abb. 10 ist die Nachdilatation schneller als in den in Abb. 9 dargestellten Versuchen. Der Grund ist in der kürzeren Dauer der Helladaptation zu suchen.) Man kann sagen, daß die Pupillenbewegungen nach dem Sprung von Hell nach Dunkel genau entgegengesetzt verlaufen wie die Bewegungen nach dem Sprung von Dunkel nach Hell: Die Primärdilatation entspricht der Primärkontraktion, die Rekontraktion kann mit der Redilatation verglichen werden und die Nachdilatation korrespondiert mit der Nachkontraktion. Allerdings sind alle Bewegungen nach dem Sprung von Hell nach Dunkel etwas langsamer als nach dem Sprung von Dunkel nach Hell. (Eigenartigerweise geht die Vergleichbarkeit der Pupillenbewegungen bei den weniger komplizierten Bewegungstypen verloren. Bei einem Sprung von $L_1 = 0$ auf $L_2 = 10$ asb beispielsweise findet man Primärkontraktion und Redilatation; springt man dann auf $L_3 = 0$ asb zurück, so gibt es nur eine einfache Dilatation. Zum Typ C gibt es keinen vergleichbaren Typ für Sprünge von Dunkel nach Hell, während man Typ D nur bedingt mit Typ A vergleichen kann, da diese beiden nicht bei den genau entgegengesetzten Lichtsprüngen vorkommen.)

Wenn wir wieder Abb. 10 ins Auge fassen, so fällt auf, daß sowohl die Phase der Nachkontraktion als auch die Phase der Nachdilatation zwanglos zum jeweiligen Ausgangspunkt der gesamten Bewegung rückwärts verlängert werden können. Dies ist in Abb. 11 durchgeführt. Man sieht, wie die komplizierten Pupillenbewegungen für die beiden Arten des Lichtsprungs jeweils aus zwei einfacheren Bewegungen zusammengesetzt werden können. Zunächst zum linken Teil der Abb. 11: Wir nehmen an, daß zwei Kräfte die Pupillenweite einstellen, eine Kraft P und eine Kraft D. Würde keine der Kräfte P und D durch den Lichtsprung verändert werden, so bliebe die Pupillenweite von 8 mm erhalten. Würde nur die Kraft P verändert werden, so würde die mit P bezeichnete Bewegung resultieren, die später mit der Phase der Nachkontraktion der tatsächlichen Bewegung übereinstimmt. Hingegen erzeugt die Kraft D die Primärkontraktion und die Redilatation. Durch das Zusammenwirken beider Kräfte entsteht die tatsächliche Pupillenbewegung.

Im rechten Teil der Abb. 11, für Sprünge von Hell nach Dunkel, liegen die Verhältnisse umgekehrt gleich. Man kann sich vorstellen, daß die beobachteten Pupillenbewegungen durch zwei Kräfte P und D hervorgerufen werden. Würde keine dieser Kräfte durch den Sprung der Lichtintensität verändert werden, so bliebe die Pupille so eng wie zuvor. Die Kraft P allein bewirkt eine langsame Erweiterungsbewegung, die später mit der Nachdilatation identisch ist. Die Kraft D allein verursacht die Primärdilatation und die Rekontraktion.

Die Kraft P jeweils kann man sich als Ausgangsgröße eines Übertragungselements mit Tiefpaßeigenschaften vorstellen. Im einfachsten Falle handelt es sich um einen Tiefpaß 1. Ordnung, dessen Ausgangsgröße y von der Eingangsgröße x nach der Gleichung

$$T_T \cdot \dot{y} + y = x$$

abhängt.

Die Kraft D hingegen kann durch ein Übertragungselement mit Hochpaßeigenschaften entstehen. Für einen Hochpaß 1. Ordnung wird die Abhängigkeit der Ausgangsgröße y von der Eingangsgröße x durch die Gleichung

$$T_H \cdot \dot{y} + y = T_H \cdot \dot{x}$$

beschrieben.

Tiefpaß und Hochpaß sind parallelgeschaltet zu denken.

Man kann fragen, ob es zu den gedachten Teilsystemen mit Tiefpaß- und Hochpaßcharakter physiologisch- anatomische Korrelate gibt. Zuerst denkt man an den fotopisch-skotopischen Dualismus des Zapfen- und Stäbchensehens. In unserer Arbeit von 1966 hatten wir einen Versuch mitgeteilt, in dem mit Hilfe von dämmerungswertfreiem Rotlicht das skotopische System ausgeschaltet werden sollte. Trotzdem wurde kein anderer Bewegungsablauf gefunden als bei weißem Licht. Dieser Versuch bezog sich auf den Typ A der Pupillenbewegung. Im Sinne der damaligen Argumentation müßte die Kraft D dem skotopischen, die Kraft P dem fotopischen System zugeschrieben werden, wozu wir nach wie vor keine weiteren Gründe haben.

Ein weiterer Dualismus im visuellen System ist der fotochemisch-neuronale. Im Sinne ALPERN und CAMPBELLS (1963) sowie BAKERS (1963) wäre die Kraft P dem fotochemischen, die Kraft D dem neuronalen System zuzuschreiben. Diese Systeme sind jedoch in Reihe geschaltet, im Gegensatz zu unserer Annahme, daß die Kräfte P und D parallel geschalteten Elementen entstammen. Die Wirkungen des neuronalen und des fotochemischen Systems sind nicht, wie BATTERSBY und WAGMAN (1959) annahmen, *additiv* zusammengesetzt.

Schließlich kann man daran denken, daß die Kraft D durch On- und Off-Neurone vermittelt wird, während die Kraft P durch solche Neurone übertragen werden müßte, die mindestens auch Information über die Größe konstanter Leuchtdichten übermitteln. Solche Neurone sind unseres Wissens nicht bekannt, müssen aber existieren, wenn die Pupille für verschiedene konstante Helligkeiten verschiedene Weiten annimmt. Die Frage, ob die Zusammensetzung der Pupillenbewegungen aus den Komponenten P und D physiologisch begründet ist, mußte offengelassen werden.

Nachdem auch die formale Analyse unserer Bewegungstypen nicht zu einer inhaltlich befriedigenden Interpretation der Versuchsergebnisse führte, beschritten wir einen dritten Weg, um unsere Resultate in einen größeren Rahmen einzuordnen: Wir stellten die Frage, ob an anderen Meßgrößen im visuellen System vergleichbare Phänomene gefunden werden. Dieser Frage ist der zweite Teil dieses Berichtes gewidmet.

14

Das Verhalten der Wahrnehmungsschwelle für sukzessiven Unterschied im Verlaufe von Hell- und Dunkeladaptationsvorgängen

5. Einführung

ALPERN, KITAI und ISAACSON (1959) zeigten, daß geeignet definierte Reizschwellen zur Auslösung einer Pupillenreaktion sich im Verlaufe einer Dunkeladaptation sehr ähnlich verhalten wie psychophysisch gemessene Reizschwellen. (Es handelt sich dabei um eine der wenigen Veröffentlichungen, die sich mit einem Begriff der pupillomotorisch wirksamen Reizschwelle befassen, wobei sich der Begriff der Schwelle hier von seiner ursprünglichen Intention im Sinne des Alles-oder-Nichts-Gesetzes recht weit entfernt hat.)

ARMINGTON und BIERSDORF (1958) verglichen psychophysisch gemessene Schwellen mit der b-Wellen-Höhe des Elektroretinogramms im Verlauf von Helladaptationsvorgängen, fanden im Elektroretinogramm aber nur sehr geringfügige Veränderungen, im Gegensatz zu BOYNTON und TRIEDMAN (1953).

VAN LITH (1966) verwendete nicht die b-Wellen-Höhe, sondern definierte eine elektroretinografische Reizschwelle. Er erzielte Ergebnisse, die mit gleichzeitig bestimmten sensorischen Reizschwellen gut vergleichbar waren.

Hingegen konnte VAN DER TWEEL (1964) zwischen psychophysischen und elektrophysiologischen Meßgrößen bei Flickerlicht wenig Übereinstimmung feststellen.

Das Ziel dieser Autoren war es, Gemeinsamkeiten und Unterschiede in den verschiedenen objektiven und subjektiven Meßgrößen des visuellen Systems aufzufinden. Leider sind derartige Untersuchungen bisher nicht sehr zahlreich und auch nicht immer erfolgreich gewesen. Viele Phänomene, die an einzelnen Meßgrößen gefunden wurden, stehen noch isoliert da; wir sind weit davon entfernt, die vielfältigen Ergebnisse unter gemeinsamen Gesichtspunkten erfassen und erklären zu können.

Die Weite der Pupille ist eine der wenigen objektiven Meßgrößen, die uns am visuellen System des lebenden Menschen zur Verfügung stehen. Wir vermuten, daß die in Teil I beschriebenen Verhaltensweisen der Pupille Ursachen haben, die zum großen Teil nicht spezifisch pupillär sind, sondern daß diese Ursachen dort zu suchen sind, wo auch die Transformation und Leitung der Information für den Sehvorgang stattfindet, nämlich im retinal-neuronalen System.

Demnach müßten sich in Versuchen mit anderen Meßgrößen unter gleichen Reizlichtbedingungen vergleichbare Erscheinungen finden lassen. Da für uns elektroretinografische Messungen nicht in Frage kamen, boten sich psychophysische Messungen an. Welche Versuche konnten nun unter denselben Reizlichtbedingungen durchgeführt werden, die bei den Pupillenmessungen angewendet wurden, also vor allem bei homogener Ausleuchtung des gesamten Gesichtsfeldes des Auges? Wenn wir keine simultanen Unterschiede im Gesichtsfeld einführen dürfen, da wir uns damit von den Pupillenversuchen entfernen würden, können wir nur mit sukzessiven Unterschieden arbeiten, so daß zu jedem Zeitpunkt räumliche Gleichförmigkeit besteht. Dieses ist noch dann der Fall, wenn wir den jeweils über längere Zeit konstanten ersten und zweiten Helligkeiten, jetzt Grundreiz genannt, Testreize superponieren, die ihrerseits räumlich homogen sind. Um die Adaptationsbedingungen, die durch den Grundreiz gesetzt sind, nicht zu zerstören, müssen die Testreize im Idealfall die Amplitude Null haben; da sie dann nicht zu sinnvollen Antworten der Versuchsperson führen können, müssen sie so klein wie möglich gehalten werden. Aus dieser Forderung und dem Umstand, daß Testreize erst dann wirksam werden können, wenn sie überschwellig sind, ergibt sich, daß Messungen der Wahrnehmungsschwellen für schwache Testreize das Optimum darstellen hinsichtlich einer möglichst geringen Störung der Verhältnisse, die ohne Testreize, wie bei den Pupillenmessungen, herrschen.

Aus dieser Überlegung ergab sich der folgende Plan für die Meßmethode: Das Licht zweier Lichtquellen wird derart dargeboten, daß jedes für sich genommen das Gesichtsfeld des rechten Auges der Versuchsperson gleichmäßig ausleuchtet. Mit der ersten Lichtquelle wird der Grundreiz erzeugt, dessen Intensität während eines einzelnen Versuches einmal sprungförmig verändert wird, so wie früher bei den Pupillenversuchen. Die zweite Lichtquelle liefert das Licht für die Testreize, die sich dem Grundreiz überlagern und die im allgemeinen schwächer sind als der Grundreiz. Die Intensität der Testreize kann während des Versuchs ständig variiert werden und wird jeweils so eingestellt, daß die Testreize gerade eben bemerkt oder nicht bemerkt werden. Die Meßgröße ist die Leuchtdichte ΔL derjenigen Testreize, die von der Versuchsperson gerade eben wahrgenommen werden können. Die Modulation des gesamten Reizlichtes, die sich also aus der Modulation des Grundreizes und der Modulation der Testreize zusammensetzt, ist rein zeitlich und enthält keine räumliche Komponente. Dies ergab sich zwangsläufig daraus, daß die Versuche unter möglichst ähnlichen Bedingungen stattfinden sollten wie die Pupillenversuche. Dort hatten wir die Ganzfeldbeleuchtung ursprünglich aus zwei Gründen gewählt. Erstens sollte es möglich sein, so hohe Lichtströme ins Auge eintreten zu lassen, wie es bei Tageslichtverhältnissen vorkommt, und zweitens sollten unerwünschte Pupillenreaktionen vermieden werden, wie sie bei Lichtquellen begrenzten Sehwinkels durch die unvermeidlichen Augenbewegungen zustande kommen.

Für unsere psychophysischen Messungen ergibt sich nun, daß wir ohne jeden räumlichen Unterschied und damit ohne alle Simultan-Kontrast-Phänomene arbeiten, sondern nur mit zeitlichen Veränderungen. [Den Gegensatz bilden die Versuche mit nur räumlichen Unterschieden, ohne jede zeitliche Variation, die beim Menschen mit künstlich stabilisierten Retinabildern, fixated images, durchgeführt werden, vergleiche RIGGS, RATLIFF und KEESEY (1961).] Demgegenüber enthalten die meisten in der Literatur beschriebenen Versuche zugleich räumliche und zeitliche Unterschiede, was in der Interpretation der Ergebnisse nicht immer genügend beachtet wird. Selbstverständlich übersehen wir nicht, daß sich trotz geometrischer Gleichförmigkeit räumliche Interaktionen, laterale Inhibition usw., ereignen.

Es fragte sich, welcher Art die Testreize sein sollten. Hinsichtlich der spektralen Zusammensetzung bot sich Gleichfarbigkeit mit dem Grundreiz als einfachste Lösung an. Als Form der zeitlichen Variation dachten wir zuerst an kleine Lichtsprünge, weil diese nur *einen* Parameter, nämlich die Sprunghöhe, besitzen. In Vorversuchen stellte sich jedoch bald heraus, daß Lichtsprünge ungeeignet sind, da sie, sollen es Sprünge und nicht Rechtecke sein, nicht häufig genug dargeboten werden können, um hinreichend viele Meßpunkte zu erhalten. Notgedrungen verwendeten wir schließlich periodisch wiederholte Rechtecke und hatten somit drei Parameter in Betracht zu ziehen: Höhe ΔL der Rechtecke, Repetitionsfrequenz f und Tastverhältnis Q (Quotient aus Dauer der An-Phase und Dauer der Aus-Phase). Die Repetitionsfrequenz f wählten wir nahe 1 Hz; einerseits möglichst hoch, um möglichst viele Meßpunkte zu erhalten, andererseits so niedrig, daß wir nicht in den Bereich der Überhöhung der Empfindlichkeit in den DE LANGE-Kurven hineinkamen (hierbei orientierten wir uns an den von KELLY, 1964 veröffentlichten Kurven). Das Tastverhältnis wählten wir zuerst $Q = 1:1$, später $Q = 1:11$.

Nach Sprüngen des Grundreizes von Hell nach völlig Dunkel maßen wir die häufig untersuchten Dunkeladaptationsvorgänge, siehe z. B. DAVSON (1962). Die Versuche

mit den übrigen Kombinationen der ersten und der zweiten Helligkeit L_1 und L_2 des Grundreizes sind vergleichbar mit den Versuchen von ARMINGTON und BIERSDORF (1958), BAKER (1949, siehe auch 1955), BATTERSBY und WAGMAN (1959), BOYNTON und TRIEDMAN (1953) und LOHMANN (1907 und 1918).
Jedoch sind die Unterschiede zu unseren Versuchen vor allem hinsichtlich des Sehwinkels, aber auch bezüglich der verwendeten Lichtintensitäten nicht zu übersehen.
Unsere Fragestellung lautet: Lassen sich im Verhalten der Schwelle der Wahrnehmung rein sukzessiver Unterschiede im Verlauf von Hell- und Dunkeladaptationsvorgängen Ähnlichkeiten mit dem Verhalten der Pupille wiederfinden?
(In unserer Redeweise assoziieren wir die Wahrnehmungsschwelle mit der Empfindlichkeit und sagen, die Empfindlichkeit nimmt zu, wenn die Schwelle absinkt usw. Damit soll nicht gesagt sein, daß es undenkbar ist, daß die Empfindlichkeit und die Wahrnehmungsschwelle voneinander unabhängig sind.)

6. Methode

Der Versuchsaufbau ist in Abb. 12 skizziert. Das Licht für den Grundreiz wird von einer Halogenglühlampe 150 W, Fa. Philips, geliefert. Das nach rückwärts austretende Licht wird von einem Kugelspiegel, Nr. 1, eingefangen, der in der Lampe unmittelbar neben der Wendel ein Bild der Wendel erzeugt. Das nunmehr insgesamt nach vorn austretende Licht fällt durch ein wärmereflektierendes Filter und wird durch mehrere Linsen nahezu parallel gebündelt. Es trifft auf ein kugelkappenförmiges Stück eines Tischtennisballes, das in eine Kupferhalbkugel, Nr. 6, eingeklebt ist und sich über eine Einblicköffnung von 23 mm Durchmesser wölbt. Bei geschickter Einrichtung des Strahlengangs erscheint die Tischtennisballkappe von der Einblicköffnung her gleichmäßig hell. Die Helligkeit des Grundreizes wird bei 8 durch Neutralgläser der Fa. Schott, Mainz, eingestellt und während eines Versuchs einmal verändert.
Das Licht für die Testreize stammt von einer zweiten Halogenglühlampe, das ebenfalls zur Hälfte von einem Kugelspiegel, Nr. 2, eingefangen wird. Es tritt durch ein wärmereflektierendes Filter, durch mehrere Linsen und bei 3 durch zwei Polarisationsfilter Polarex Ks-MIK, Fa. Käsemann, Oberaudorf. Ein Polarisationsfilter steht fest, das andere ist drehbar und dient zur Feineinstellung der Helligkeit der Testreize. Durch eine weitere Linse wird das Strahlenbündel konvergent gemacht und an seiner engsten Stelle von einer rotierenden Sektorscheibe, Nr. 4, unterbrochen oder freigegeben. Die Sektorscheibe hat einen Durchmesser von 30 cm und wird von einem Laufwerk eines Perpetuum-Ebner-Plattenspielers angetrieben. Das anschließend wieder divergierende Strahlenbündel wird durch weitere Linsen nahezu parallelgerichtet und tritt durch zwei Neutralgläser hindurch, mit denen die Intensität der Testreize grob eingestellt wird. Diese Filter werden in zwei drehbaren Filterhalterrädern, Nr. 5, gehalten, die je 8 Filter fassen und schnell von Hand um ein Filter weitergedreht werden können. Schließlich trifft das Testreizlicht auf die Tischtennisballkappe und addiert sich zu dem Grundreiz.
Die Helligkeit der Testreize wird registriert, indem ein Teil des Lichtes mit Hilfe einer Glasscheibe aus dem Strahlengang ausgeblendet und bei 7 auf eine Vakuum-Fotozelle 424.1/PALA GAV, Fa. Sylvania, Erlangen, geworfen wird. Der Ausgangsstrom der Fotozelle wird auf einem Schreiber Mikrograph BD 2, Fa. Kipp & Zonen, fortlaufend über der Zeit geschrieben. Der dort erscheinende Wert muß mit dem Transmissionsgrad des bei 5 eingestellten Filters multipliziert und mit einem Umrechnungsfaktor auf die absolute Leuchtdichte der Tischtennisballkappe, von der Einblicköffnung her gesehen, umgerechnet werden. Die absolute Leuchtdichte der Tischtennisballkappe, die die unmittelbare Reizlichtquelle für das Auge darstellt, wurde durch die Einblicköffnung hin-

durch mit einem Milliluxmeter, Dr. B. Lange, Berlin, gemessen, wobei vor das Selen-Fotoelement ein Augenkorrektionsfilter gesetzt war. Die Meßergebnisse des Milliluxmeters wurden mit denen des bei den Pupillenversuchen benutzten Flimmerfotometers verglichen. An der Einblicköffnung konnte auch die Form der Testreize mit Hilfe einer Vakuum-Fotozelle bestimmt werden. Die Meßergebnisse sind in Abb. 13 zu finden, und zwar getrennt für die beiden Sektorscheiben. Die erste Scheibe (Abb. 13.1) hatte zwei Ausschnitte von je 90°, also ein Hell-Dunkel-Zeitverhältnis $Q = 1 : 1$. Bei einer Umdrehungsgeschwindigkeit von 45/min ergab sich eine Repetitionsfrequenz $f = 1,5$ Hz. Die zweite Scheibe (Abb. 13.2) hatte einen Ausschnitt von 30°, also ein Hell-Dunkel-Zeitverhältnis $Q = 1 : 11$. Bei derselben Umdrehungsgeschwindigkeit ist die Repetitionsfrequenz $f = 0,75$ Hz. Bei gedehnter Zeitbasis des Oszilloskops konnte die Flankensteilheit der Rechtecke ermittelt werden, Abb. 13 unten, die eine Funktion der Umdrehungsgeschwindigkeit der Scheibe und des Durchmessers des Lichtbündels am Ort der Unterbrechung (ca. 5 mm) ist. Die Anstiegszeit beträgt für beide Scheiben etwa 5 msec. Die An-Phase dauert bei der ersten Scheibe jeweils 333 msec, bei der zweiten Scheibe 111 msec. Bei gleichem Scheitelwert der Testreize fällt durch die erste Scheibe in der Zeit sechsmal soviel Licht wie durch die zweite. Die zweite Scheibe ist so kalkuliert, daß nach den von ROUFS (1966) mitgeteilten Daten über die Schwelle von Testimpulsen variabler Länge bei gegebenem Scheitelwert ein Minimum an Strahlungsleistung in das Auge fällt, damit der durch den Grundreiz gegebene Adaptationsverlauf möglichst wenig gestört wird. Für niedere Grundhelligkeiten liegt die in diesem Sinne optimale Impulsdauer bei $1/10$ sec. Unterhalb $1/10$ sec gilt das BLOCHsche Gesetz; für hohe Grundhelligkeiten ist die kritische Dauer kürzer. Die Störung des Adaptationsverlaufs durch die Testreize ist für niedere Grundhelligkeiten am größten.

Die Versuchsperson sitzt in einem verdunkelten und klimatisierten Raum in einem bequemen Versuchsstuhl, der auf ihre Körpermaße eingestellt ist. Sie berührt mit dem Gesicht die mit Stoff bezogene Kupferkugel und blickt mit dem rechten Auge in die Einblicköffnung. Alle Versuchsbedingungen sind, soweit möglich, so gehalten wie bei den Pupillenversuchen. Den größten Teil der Versuche führten wir mit Versuchsperson Str ♂, 19 Jahre alt, aus, von dem auch eine große Zahl von Pupillenversuchen vorlag. Die Ergebnisse wurden durch Versuche mit den Versuchspersonen Kl ♂, 26 Jahre, und Ha ♀, 22 Jahre, abgesichert.

Im größten Teil der Versuche war die Pupille der Versuchspersonen in normaler Funktion; bei einigen Kontrollversuchen wurde die Pupille mit Mydriaticum »Roche« weitgestellt.

Zu Beginn eines Versuchs herrscht auf der konkaven Fläche der Tischtennisballkappe 20 min lang die erste Helligkeit L_1. Sodann wird durch Betätigung eines Filterschiebers ein anderes Filter in den Strahlengang für den Grundreiz geschoben, so daß nun die zweite Helligkeit L_2 dargeboten wird. Außerdem werden nach dem Sprung des Grundreizes die Testreize eingeschaltet, deren Intensität vom Versuchsleiter eingestellt wird. Sobald die Versuchsperson durch Tastendruck meldet, daß sie die Testreize wahrnimmt, wird deren Intensität vom Versuchsleiter durch Drehen an dem drehbaren Polarisationsfilter verringert und anschließend langsam wieder erhöht, bis die Versuchsperson erneut eine Wahrnehmung meldet. Auf diese Weise wird also die Auftauchschwelle der Testreize gemessen. Durchschnittlich erhielten wir so bis zu 12 Meßpunkte pro Minute. Die zweite Helligkeit boten wir bis zu 30 min dar.

Die Versuchsbedingungen sind von Versuch zu Versuch etwas unterschiedlich und werden davon beeinflußt, wann die Versuchsperson eine Wahrnehmung meldet und wie der Versuchsleiter die Helligkeit der Testreize variiert. Hier haben wir die gute Reproduzierbarkeit der Meßergebnisse als Kriterium dafür genommen, daß diese Unbestimmtheiten keinen wesentlichen Einfluß hatten. Im übrigen sind die Versuchsergebnisse von dem Übungsgrad der Versuchsperson abhängig; die Schwelle sinkt mit steigender Übungszeit ab, die Reproduzierbarkeit wird um vieles besser. Dabei spielt sicher eine Rolle, daß die Versuchsperson mit der Zeit lernt, das Risiko der Fehlmeldung besser konstant zu halten. Durch die vom Versuchsleiter gegebene Verhaltensanweisung erreichten wir eine vernachlässigbar kleine Häufigkeit von Falschmeldungen. Wenn die Versuchsperson lange genug einem konstanten Grundreiz ausgesetzt wird, stellt sich schließlich eine konstante, nur von der Intensität des Grundreizes abhängige Wahrnehmungsschwelle ein. Wir sprechen dann vom *statischen* Schwellenwert. Das Gegenstück zum statischen Schwellenwert bei den Pupillenversuchen ist die statische Pupillenweite.

Die Wartezeit bis zum Erreichen des statischen Schwellenwertes hängt von den Voradaptationsbedingungen und von der Intensität des Grundreizes ab. Sie ist nach Sprüngen der Intensität des Grundreizes von Hell nach Dunkel oft länger als 30 min, so daß wir den statischen Schwellenwert nicht erreichten. Wir führten daher spezielle Versuche zur Bestimmung der statischen Schwellenwerte auf folgende Weise durch: Die Versuchsperson sitzt 30 min lang im Dunkeln; sodann wird 15 min der niedrigste in Betracht gezogene Grundreiz dargeboten; anschließend wird 15 min lang auf den nächsthöheren Grundreiz eingestellt und so fort. Auf diese Weise werden, vor allem auch für schwache Grundreize, verläßliche statische Werte gewonnen. Für den Grundreiz 0 hingegen haben wir keinen Wert ermittelt, erstens, weil das Ende der Adaptation schwer zu definieren ist, und zweitens, weil wir völlige Dunkelheit apparativ nicht herstellen konnten.

7. Ergebnisse

Die statischen Schwellenwerte für die erste und die zweite Scheibe findet man in Abb. 14. Zuerst fällt auf, daß die Schwellenwerte, die mit der zweiten Scheibe gemessen wurden, erheblich niedriger liegen als die mit der ersten Scheibe gemessenen. Diese Beobachtung machten wir später auch bei den dynamischen Versuchen. Wir hatten weiter oben errechnet, daß die zweite Scheibe bei gleichem Scheitelwert der Testreize nur den sechsten Teil des Lichtes durchläßt wie die erste. Sind nun die Schwellenwerte bei der zweiten Scheibe z. B. halb so hoch wie bei der ersten, so erniedrigt sich die Lichtleistung noch einmal auf die Hälfte, insgesamt also auf ein Zwölftel. Wir können daraus schließen, daß die Störung der Adaptationszustände und -verläufe durch die zweite Scheibe wesentlich geringer ist als durch die erste. Demnach kommen die mit der zweiten Scheibe erzielten Ergebnisse den idealen Werten, die man ohne jede Störung erhalten würde, näher als die mit der ersten Scheibe erzielten.

Die Verbindungslinien der statischen Schwellenwerte in Abb. 14 haben eine etwas geringere Neigung als die um 45° geneigten Diagonalen. Das bedeutet, daß die statischen Schwellenwerte mit zunehmender Grundreizhelligkeit zwar absolut ständig zunehmen, relativ zum Grundreiz aber ständig abnehmen. Für die erste Scheibe sind die Schwellenwerte bei schwachen Grundreizen größer als der Grundreiz selbst, bei hohen Grundreizen hingegen betragen sie etwa 3% vom Grundreiz. Bei der zweiten Scheibe betragen die Schwellenwerte bei schwachen Grundreizen etwa 10% vom Grundreiz, bei hohen Grundreizen sind sie besser als 1%.

Würde man genaue Messungen mit noch kleineren Grundreizen machen als wir sie verwendeten, und würde man das Diagramm der Abb. 14 entsprechend nach links verlängern, so müßten die Verbindungslinien der statischen Schwellenwerte schließlich waagerecht werden, da die Schwelle im absolut Dunklen einen endlichen Wert besitzt.

Die relativen statischen Schwellenwerte (Quotient aus Schwelle und Grundreiz) für die zweite Scheibe findet man in Abb. 15. Man entnimmt, daß die relative Empfindlichkeit für sukzessiven Unterschied bei steigendem Grundreiz bis hinauf auf 10 000 asb immer größer wird und schon bei etwa 100 asb den Wert von 1% unterschreitet. Nach links hin über die Abbildung hinaus muß die Kurve aus theoretischen Gründen immer weiter ansteigen. Würde das WEBERsche Gesetz gelten, so müßte $\Delta L/L$ eine Konstante, die gezeichnete Kurve also eine Horizontale sein.

Unsere dynamischen Versuche zeigen das Übergangsverhalten der Schwelle von einem statischen Wert auf einen anderen nach einem Sprung der Intensität des Grundreizes. In Abb. 16, 16.1–16.7 findet man je ein Beispiel für das Übergangsverhalten der Schwelle für die verschiedenen Kombinationen der ersten und der zweiten Helligkeit des Grundreizes. In Abb. 16.1 ist die erste Helligkeit L_1 des Grundreizes stets gleich 0; die zweite Helligkeit des Grundreizes nimmt die Werte 1, 100, 1 000 und 10 000 asb an. Der Ausgangspunkt aller Kurven (der die Schwelle im Dunkeln anzeigt) kann in diesem Falle nicht eingezeichnet werden. Die punktierte Linie bezeichnet die sehr schnelle (nicht tatsächlich gemessene) Empfindlichkeitsabnahme unmittelbar nach dem Sprung der Helligkeit des Grundreizes; die ausgezogenen Linien zeigen den weiteren gemessenen Verlauf der Helladaptation. [Daß die Empfindlichkeiten vor und nach dem Sprung tatsächlich kontinuierlich ineinander übergehen, ist z. B. aus den Arbeiten von CRAWFORD (1947) sowie BAKER (1953) ersichtlich.] Nach dem primären enormen Empfindlichkeitsverlust beobachtet man eine verhältnismäßig schnelle, jedoch nicht sehr ergiebige Erhöhung der Empfindlichkeit. Der endgültige statische Wert der Schwelle wird schon nach etwa 1 min erreicht.

Abb. 16.1 kann mit Abb. 7.1 verglichen werden. Der sehr schnelle initiale Empfindlichkeitsverlust entspricht der Primärkontraktion der Pupille, die wegen der Trägheit der Pupille nicht ganz so schnell abläuft. Die Erholung der Empfindlichkeit in der ersten Minute nach dem Sprung harmoniert mit der Redilatation der Pupille, auch hinsichtlich des Zeitbedarfs. Eine Entsprechung zur Nachkontraktion zeigen die Schwellenwerte jedoch nicht. Diese müßte in einem späteren Wiederanstieg der oberen Kurve in Abb. 16.1 bestehen, der über den frühen Gipfelpunkt hinausführt.

In Abb. 16.2 ist die erste Helligkeit des Grundreizes $L_1 = 1$ asb. Der Schwellenwert vor dem Sprung ist bei $\Delta L = 0{,}03$ asb durch einen deutlichen Punkt markiert. Von dort aus verändert sich die Schwelle nach dem Sprung sehr schnell längs der punktierten Linie, und zwar für Sprünge nach Heller (100 und 1000 asb) nach oben, für einen Sprung nach Dunkel (0 asb) nach unten. Die Resultate für Sprünge nach Heller unterscheiden sich kaum von denen nach Sprüngen von völlig Dunkel aus (Abb. 16.1). Die Empfindlichkeitssteigerung nach dem Sprung nach Dunkel ist deutlich langsamer als bei den Sprüngen nach Heller, außerdem ist sie ausgiebiger. Der statische Wert (absolute Schwelle) wird in dem Versuch nicht erreicht. Ein weiterer Unterschied zu den Sprüngen nach Heller ist der, daß die gesamte Kurve monoton fällt. Das entspricht der monotonen Dilatation der Pupille in Abb. 9.1 (Typ C).

Abb. 16.3 zeigt die Ergebnisse für Sprünge von $L_1 = 100$ asb aus. Der Sprung nach $L_2 = 10\ 000$ asb bringt nichts Neues; der Sprung nach völlig Dunkel bringt eine noch langsamere und ausgiebigere Empfindlichkeitssteigerung als im vorigen Teil der Abbildung. Neu ist das Resultat für den Sprung von $L_1 = 100$ asb auf $L_2 = 1$ asb, der eine monotone, aber schnelle Empfindlichkeitsverbesserung nach sich zieht.

Alle bisher geschilderten Versuche mit Sprüngen von Dunkler nach Heller ergaben ein Verhalten der Schwelle, das mit dem Typ A der Pupillenbewegungen vergleichbar ist, während etwas Entsprechendes zum Typ B nicht zu entdecken ist. Es fragt sich nun, wie der Vergleich für Sprünge von Heller nach Dunkler ausfällt. Für einen Sprung von

$L_1 = 1000$ asb auf $L_2 = 10$ asb zeigte die Pupille den Typ D mit Primärdilatation und Rekontraktion (Abb. 9.2). In Abb. 16.4 ergibt der entsprechende psychophysische Versuch nur eine einfache, relativ schnelle Sensibilitätssteigerung. In ähnlicher Weise, wenn auch stärker, steigert sich die Empfindlichkeit nach einem Sprung von $L_1 = 1000$ asb auf $L_2 = 0{,}1$ asb. Völlig anders hingegen verhält sich die Schwelle nach einem Sprung von $L_1 = 1000$ asb auf $L_2 = 0$ asb. Nach gut 5 min ist der KOHLRAUSCHsche Knick angedeutet; nachdem die absolute Schwelle der Zapfen nahezu erreicht ist, wird das weitere Verhalten von den Stäbchen bestimmt, die ihre absolute Schwelle noch über mehrere Zehnerpotenzen weit über das Versuchsende hinaus herabsetzen.

Nachdem wir für Sprünge von $L_1 = 1000$ asb aus vergeblich nach einem Gegenstück zum Typ D der Pupillenbewegungen gesucht haben, fragt sich, ob wir für Sprünge von 10 000 asb aus etwas Entsprechendes zum Typ E (Abb. 9.4) wiederfinden können. In Abb. 16.5 sind einige Kurven in demselben Zeitmaßstab wie in den anderen Teilen der Abb. 16 eingezeichnet. Nach Sprüngen von 10 000 asb auf 100, 10 und 1 asb erholt sich das Auge verhältnismäßig rasch; die Schwelle bleibt oberhalb der absoluten Zapfenschwelle. Dies erkennt man aus der unteren Kurve für einen Sprung von $L_1 = 10 000$ asb auf völlig Dunkel. Nach 7 min ist die absolute Zapfenschwelle bei 10^{-2} asb nahezu erreicht. Die Kurve macht sehr deutlich den KOHLRAUSCHschen Knick.

Ausgeprägte Aufwärts- und Abwärtsbewegungen wie beim Typ E der Pupillenbewegungen findet man in dem Verhalten der Schwelle offenbar nicht. Da sich die lebhaftesten Bewegungen der Pupille schon in den ersten Minuten nach dem Sprung abspielen, trieben wir in einigen gezielten Versuchen die Anzahl der Meßpunkte der Schwelle pro Minute so hoch wie möglich und stellten die Ergebnisse in Abb. 17 in einem gegenüber Abb. 16 gedehnten Zeitmaßstab dar. Die Kurven 1 und 2 wurden mit der ersten Scheibe gemessen. Sie liegen erheblich höher als die Kurven 3 und 4, die mit der zweiten Scheibe bestimmt wurden. Den Kurven 1–4 ist eine Störung des gleichmäßigen Verlaufs gemeinsam, die in verhältnismäßig zu hohen Schwellenwerten in der Zeit zwischen $\frac{1}{3}$ min und $2\frac{1}{2}$ min nach dem Sprung der Intensität des Grundreizes (Zeitpunkt 0) zum Ausdruck kommt. Dabei vergleichen wir die gemessenen Werte mit den Werten auf solchen gedachten Kurven, die von der Anfangsphase der Adaptation möglichst ungezwungen zur Endphase übergehen.

Die Überhöhung der Schwellenwerte ist so schwach, daß sie ohne Zweifel durch die gleichzeitig stattfindenden Pupillenbewegungen zustande kommen kann. Denn die Pupille ist in der Zeit der Schwellenüberhöhung in dem Tal des Typs E, siehe Abb. 9.4. Der Beweis wird schlüssig durch die Versuche mit weitgestellter Pupille erbracht. Die Ergebnisse zweier solcher Versuche sind in Abb. 17 in den Kurven 5 und 6 niedergelegt. Die Überhöhung ist verschwunden. Daraus folgt, daß die Rekontraktion und Nachdilatation des Typs E der Pupille in den Schwellenwerten nicht wiedergefunden werden, wenn die Rückwirkung der Pupille auf die Beleuchtungsstärke auf der Retina aufgehoben ist.

8. Diskussion

Bislang haben wir in einigen Bemerkungen die Adaptationskurven der subjektiv bestimmten Schwellen und der Pupillenweite nur *qualitativ* miteinander verglichen, vor allem hinsichtlich der Bewegungsrichtung. Dabei haben wir wie selbstverständlich weitere Pupillen mit niederen, engere Pupillen mit höheren Schwellen assoziiert. Wir fragten uns, ob nicht auch ein *quantitativer* Vergleich möglich ist.

Zu vergleichen sind

einerseits die in mm angegebenen und

über 0,6 Zehnerpotenzen (von 2 bis 8 mm) variierenden Pupillendurchmesser,

andererseits die in asb gemessenen und über

mindestens 7 Zehnerpotenzen (von 10^{-5} bis 10^2 asb) variierenden Reizschwellen.

In der Tat ist ein solcher Vergleich zwanglos möglich, und zwar mit Hilfe der statischen Kennlinien der Pupille und der Schwelle.

Das Prinzip kann an Hand der Abb. 18 erläutert werden. Im Teil 18.1 der Abbildung findet man eine schematische Übergangskurve der Pupille für einen Sprung der Reizlichthelligkeit von $L_1 = 10\,000$ asb auf $L_2 = 0$ asb. Wir fragen nun für jeden einzelnen Zeitpunkt, wie hell ein konstantes Reizlicht sein müßte, um unter statischen Bedingungen denselben Pupillendurchmesser zu bewirken, wie er zu diesem Zeitpunkt im Verlaufe des dynamischen Vorgangs erreicht worden ist. Wir bilden also zu jedem Zeitpunkt eine *dem Pupillendurchmesser äquivalente statische Reizlichtintensität*. (Diese wiederum kann man mit der Helligkeit des positiven Nachbildes und auch mit der Menge der nichtregenerierten Fotochemikalien in Verbindung bringen.) Die statische Kennlinie der Pupille ist in Abb. 18.2 eingezeichnet. Durch Herüberholen der Pupillendurchmesser aus Abb. 18.1 nach 18.2 erhält man die äquivalenten statischen Intensitäten, die über der Zeit in Abb. 18.5 in der durchgezogenen Kurve aufgetragen sind.

Unter denselben Bedingungen für den Grundreiz, d. h. also für einen Sprung von $L_1 = 10\,000$ asb auf $L_2 = 0$ asb, ist das Verhalten der Schwelle in 18.3 schematisch dargestellt. Auch hier bilden wir mit Hilfe der statischen Kennlinie (der Schwelle), Abb. 18.4, äquivalente statische Lichtintensitäten, die in 18.5 gestrichelt über der Zeit aufgezeichnet sind. Damit sind die Pupillenweiten mit den Schwellenwerten vergleichbar geworden, weil beide in äquivalente statische Lichtintensitäten, die in asb gemessen werden, umgerechnet sind.

Der Vergleich der beiden Kurven in Abb. 18.5 zeigt nur in grober Näherung Ähnlichkeit des Verlaufs, während die spezifischen Einzelheiten der Pupillenbewegung einerseits (Rekontraktion) und der Schwellenänderungen andererseits (KOHLRAUSCHscher Knick) keine Gegenstücke haben.

Führt man die geschilderten Konstruktionen mit einzelnen nichtvereinfachten Originalkurven aus, so fällt auf, daß die äquivalenten statischen Lichtintensitäten der Schwellen nur geringe Streuungen zeigen, während die äquivalenten statischen Lichtintensitäten der Pupillenweiten aus zwei Gründen weniger genau bestimmbar sind: Einmal wegen der großen Schwankungen der Pupille, vor allem bei großer absoluter Weite, zum anderen, weil die statische Kennlinie im oberen Teil fast waagerecht verläuft, weshalb verhältnismäßig kleine Änderungen des Pupillendurchmessers sehr große Änderungen der äquivalenten statischen Lichtintensität hervorrufen. Aus diesem doppelten Grund können die niederen statischen äquivalenten Lichtintensitäten der Pupillenweite nur mit einer erheblichen Unsicherheit bestimmt werden. In diesem Sinne stellt die psychophysische Schwelle eine viel genauere Meßgröße dar als die Pupille.

Entsprechende Konstruktionen, wie in Abb. 18, wurden für 6 weitere Kombinationen der ersten und der zweiten Helligkeit vorgenommen. Die Ergebnisse sind in Abb. 19 dargestellt. Jeder der 6 Teile der Abb. 19 entspricht dem Teil 18.5 der Abb. 18, erscheint aber nun um 90° gedreht.

In den Teilen 19.1, 19.2 und 19.3 ist die erste Helligkeit L_1 stets gleich 0. Die äquivalente statische Lichtintensität sowohl für die Pupille als auch für die Schwelle liegt außerhalb der Abbildung. Nach dem Sprung kommen die Pupille und auch die Schwelle mit hoher Geschwindigkeit in die Abbildung hinein. Die Schwelle zeigt in den drei Beispielen anschließend eine Erholung mit ungefähr stets derselben Geschwindigkeit. In Abb. 19.1 verhält sich die Schwelle fast genauso wie die Pupille; Ausmaß und Geschwindigkeit der Erholung der Schwelle sind dieselben wie bei der Redilatation. Abb. 19.3 zeigt hingegen die Diskrepanz zwischen der Schwelle und der Pupille für den Typ B der Pupillenbewegung. Für die Sprünge von Heller nach Dunkler findet man drei Beispiele in Abb. 19.4, 19.5 und 19.6. Für einen Sprung von $L_1 = 100$ asb auf $L_2 = 1$ asb verhalten sich Schwelle und Pupille fast gleich. In den beiden anderen Beispielen macht die Pupille jedoch besondere Bewegungen.

Zusammenfassung

Der erste Teil der vorliegenden Arbeit handelt von dem Übergangsverhalten der menschlichen Pupille bei sprungförmiger Veränderung der Reizlichtintensität. Die Reizlichtbedingungen sind: Ganzfeldbeleuchtung und unbuntes Xenonlampenlicht mit Leuchtdichten nahezu über den gesamten physiologischen Bereich. Die Helligkeiten des Reizlichtes vor und nach dem Sprung wurden systematisch variiert. Bei Sprüngen von Dunkler nach Heller fanden wir zwei Typen des Verhaltens der Pupille: Typ A mit Primärkontraktion und Redilatation; Typ B mit Primärkontraktion, Redilatation und Nachkontraktion. Bei Sprüngen von Heller nach Dunkler fanden wir drei Typen: Typ C nur mit (Primär-)Dilatation; Typ D mit Primärdilatation und Rekontraktion; Typ E mit Primärdilatation, Rekontraktion und Nachdilatation. Welcher Typ jeweils auftritt, hängt von den Reizlichtbedingungen ab. Die Typen gehen kontinuierlich ineinander über.
Im zweiten Teil maßen wir unter vergleichbaren Bedingungen das Verhalten der Wahrnehmungsschwelle für rechteckförmige Testreize. Die Testreize nahmen, ebenso wie der Grundreiz, das gesamte Gesichtsfeld eines Auges ein. Die Leuchtdichte des Grundreizes wurde wie in den Pupillenversuchen in jedem Versuch einmal sprungartig verändert. Nach einem Sprung von Dunkler nach Heller beobachteten wir nach dem initialen starken und schnellen Empfindlichkeitsverlust ein monotones Absinken der Schwelle, das nach etwa 2 min beendet ist. Nach Sprüngen von Heller nach Dunkler fanden wir in allen Fällen nur eine monotone Verkleinerung der Schwelle. Nach einem Sprung auf Leuchtdichten von 1 asb und mehr ist der Adaptationsvorgang nach wenigen Minuten beendet; die erreichte Schwelle bleibt oberhalb der absoluten Zapfenschwelle. Nach Sprüngen auf Dunkel nimmt die Empfindlichkeit nach dem Erreichen der absoluten Zapfenschwelle infolge der langsameren Stäbchen-Adaptation noch über das Ende des Versuchs hinaus weiter zu.
Ein direkter Vergleich der Reizschwellen mit den Pupillenweiten wurde dadurch möglich, daß für beide Größen sogenannte »äquivalente statische Lichtintensitäten« berechnet wurden. Der Vergleich zeigt, daß die Schwelle sich im großen ähnlich wie die Pupille verhält; in Einzelheiten weicht sie jedoch nicht unerheblich ab.
Die differenzierten Verhaltenstypen der Pupille spiegelten sich in den psychophysisch gemessenen Reizschwellen nicht wieder.

Literaturverzeichnis

ALPERN, M., and F. W. CAMPBELL, The Behaviour of the Pupil during Dark-Adaptation. J. Physiol., Lond. **165**, 5 P–7 P (1963).

ALPERN, M., ST. KITAI and J. D. ISAACSON, The Dark-Adaptation Process of the Pupillomotor Photoreceptors. Am. J. Ophthal. **48**, 583–593 (1959).

ARMINGTON, J. C., and W. R. BIERSDORF, Long-Term Light Adaptation of the Human Electroretinogram. J. comp. physiol. Psychol. **51**, 1–5 (1958).

BAKER, H. D., The Course of Foveal Light Adaptation Measured by the Threshold Intensity Increment. J. opt. Soc. Am. **39**, 172–179 (1949).

BAKER, H. D., The Instantaneous Threshold and Early Dark Adaptation. J. opt. Soc. Am. **43**, 798–803 (1953).

BAKER, H. D., Some Direct Comparisons between Light and Dark Adaptation. J. opt. Soc. Am. **45**, 839–844 (1955).

BAKER, H. D., Initial Stages of Dark and Light Adaptation. J. opt. Soc. Am. **53**, 98–103 (1963).

BATTERSBY, W. S., and I. H. WAGMAN, Neural Limitations of Visual Excitability. I: The Time Course of Monocular Light Adaptation. J. opt. Soc. Am. **49**, 752–759 (1959).

BLEICHERT, A., und R. WAGNER, Versuche zur Erfassung des Pupillenspiels als Regelungs-Vorgang. Z. Biol. **109**, 70 (1957).

BOYNTON, R. M., and M. H. TRIEDMAN, A Psychophysical and Electrophysiological Study of Light Adaptation. J. exp. Psychol. **46**, 125–134 (1953).

BROWN, R. H., and H. E. PAGE, Pupil Dilatation and Dark Adaptation. J. exp. Psychol. **25**, 347–360 (1939).

BRUNN, W. v., R. FALK und H. und K. MATTHES, Untersuchungen über die Pupillenreflexe beim Menschen. Pflügers Arch. ges. Physiol. **244**, 644–658 (1941).

CAMPBELL, F. W., and A. H. GREGORY, Effect of Size of Pupil on Visual Acuity. Nature, Lond. **187**, 1121–1123 (1960).

CLYNES, M., The Non-Linear Biological Dynamics of Uni-Directional Rate-Sensitivity Illustrated by Analog Computer Analysis, Pupillary Reflex to Light and Sound, and Heart Rate Behavior. Ann. N. Y. Acad. Sci. **98**, 806–845 (1962).

CRAWFORD, B. H., The Dependence of Pupil Size upon External Light Stimulus under Static and Variable Conditions. Proc. R. Soc. **121**, 376–395 (1936).

CRAWFORD, B. H., Visual Adaptation in Relation to Brief Conditioning Stimuli. Proc. R. Soc. **134**, 283–302 (1947).

DAVSON, H., The Eye. Vol. 2: The Visual Process. Academic Press, New York–London 1962.

GRADLE, H. S., and W. ACKERMAN, The Reaction Time of the Normal Pupil. J. Am. med. Ass. **99**, 1334–1336 (1932).

GRADLE, H. S., und E. B. EISENDRATH, Die Reaktionszeit der normalen Pupille. Klin. Mbl. Augenheilk. **71**, 311–313 (1923).

HAKEREM, G., The Effect of Light Adaptation on the Pupillary Reflex to Light. Thesis Columbia University 1962.

HEDDAEUS, E., Semiologie der Pupillarbewegung. Graefe-Saemisch, Handb. Augenheilk. **IV**, 751–811 (1904).

HORNUNG, J., Über die Bewegungen der menschlichen Pupille nach einer sprungartigen Änderung der Reizlichtintensität. Pflügers Arch. ges. Physiol. **287**, 29–40 (1966a).

HORNUNG, J., Über den statischen Regelfaktor der menschlichen Pupille. Kybernetik **3**, 93–98 (1966b).

HORNUNG, J., Über das Frequenzverhalten der menschlichen Pupille. Documenta ophth., 1968, in Vorbereitung.

HORNUNG, J., und J. STEGEMANN, Ein nichtlineares kybernetisches Modell für die Pupillenreaktion auf Licht. Forschungsbericht des Landes Nordrhein-Westfalen Nr. 1313. Westdeutscher Verlag Köln und Opladen 1964.

KELLY, D. H., Sine Waves and Flicker Fusion. Documenta ophth. **18**, 16–35 (1964).

LITH, G. H. M. VAN, Simultane Bestimmung der elektro-retinographischen und sensorischen Reizschwelle. Vision Res. **6**, 185–197 (1966).

LOHMANN, W., Über Helladaptation. Z. Psychol. Physiol. Sinnesorg. **41**, 290–311 (1907).

LOHMANN, W., Kritische Studien zur Lehre von der Adaptation. Arch. Augenheilk. **83**, 275–292 (1918).

MACHEMER, H., Beiträge zur Physiologie und Pathologie der Pupille. II: Über den Ablauf des normalen Lichtreflexes. Klin. Mbl. Augenheilk. **94**, 305–319 (1935).

OPPELT, W., Kleines Handbuch technischer Regelvorgänge. 4. Auflage, Verlag Chemie GmbH, Weinheim/Bergstr. 1964.

POOS, F., Physiologie der nicht lichtreflektorisch bedingten Pupillenverengerungsreaktionen. Arch. Psychiat. NervKrankh. **182**, 543–569 (1949).

RIGGS, D. S., The Mathematical Approach to Physiological Problems. Williams & Wilkins, Baltimore 1963.

RIGGS, L. A., F. RATLIFF and U. T. KEESEY, Appearance of Mach Bands with a Motionless Retinal Image. J. opt. Soc. Am. **51**, 702–703 (1961).

ROUFS, J. A. J., On the Relation between the Threshold of Short Flashes, the Flicker Fusion Frequency and the Visual Latency. IPO Annual Progress Report **1**, 69–77 (1966).

SANDBERG, A. A., and L. STARK, Analog Simulation of the Human Pupil System. Q. Prog. Rep. Res. Lab. Electron. M.I.T. **66**, 420–428 (1962).

SCHIRMER, O., Untersuchungen zur Physiologie der Pupillenweite. Albrecht v. Graefes Arch. Ophthal. **40**, 8–21 (1894).

SOBEL, I., A. A. SANDBERG and L. STARK, Pupil Simulation. Q. Prog. Rep. Res. Lab. Electron. M.I.T. **65**, 261–266 (1962).

STARK, L., Biological Rhythms, Noise, and Asymmetry in the Pupil-Retinal Control System. Ann. N. Y. Acad. Sci. **9**, 1096–1108 (1962).

STARK, L., and F. BAKER, Stability and Oscillations in a Neurological Servomechanism. J. Neurophysiol. **22**, 156–164 (1959).

STARK, L., and P. M. SHERMAN, A Servoanalytic Study of Consensual Pupil Reflex to Light. J. Neurophysiol. **20**, 17–26 (1957).

STEGEMANN, J., Über den Einfluß sinusförmiger Leuchtdichteänderungen auf die Pupillenweite. Pflügers Arch. ges. Physiol. **264**, 113–122 (1957).

TWEEL, L. H. VAN DER, Relation between Psychophysics and Electrophysiology of Flicker. Documenta ophth. **18**, 287–304 (1964).

TWEEL, L. H. VAN DER, and J. J. DENIER VAN DER GON, The Light Reflex of the Normal Pupil of Man. Acta physiol. pharmac. néerl. **8**, 52–88 (1959).

WEBSTER, J. G., Temporal Factors in the Pupillary Light Reflex System. Thesis. The University of Rochester, Rochester, New York 1967.

Abbildungsanhang

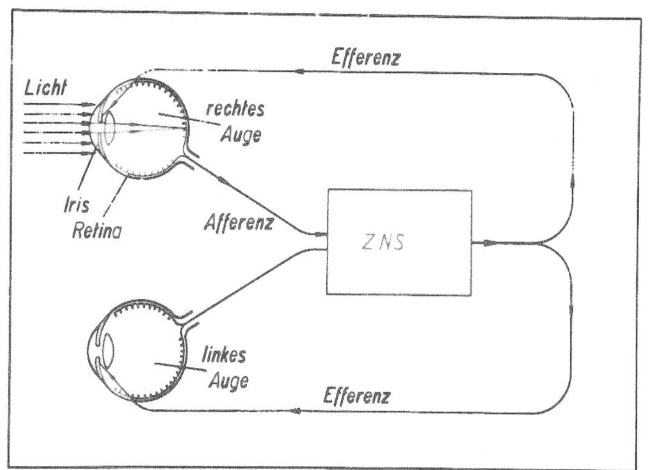

Abb. 1

Das System der konsensuellen Lichtreaktion der menschlichen Pupille, schematisch

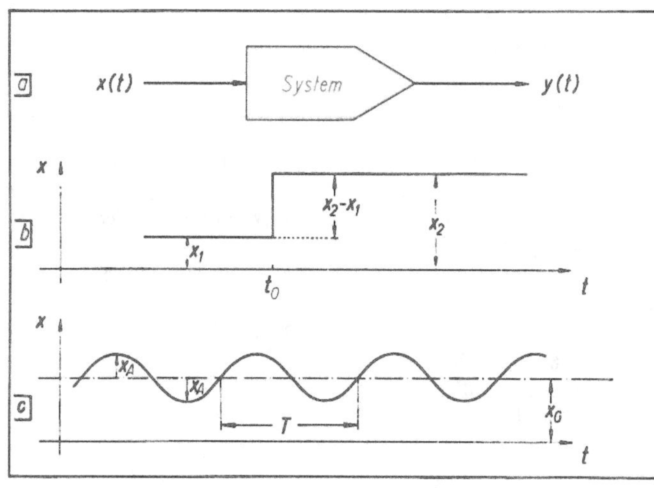

Abb. 2

Systemanalyse

a) Zu untersuchendes System mit Störgröße x und beobachtbarer Größe y

b) Sprungförmige Modulation der Störgröße:

  x_1 = Anfangswert;

  x_2 = Endwert;

  $x_2 - x_1$ = Sprunghöhe;

  t_0 = Zeitpunkt des Sprunges

c) Harmonische Modulation der Störgröße:

  x_G = Gleichwert;

  x_A = Amplitude;

  T = Schwingungsdauer;

  $f = 1/T$ = Frequenz

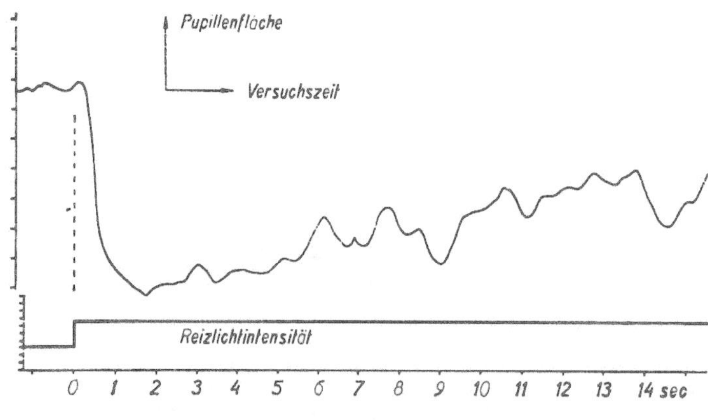

Abb. 3

Übergangsverhalten der Pupille nach einem Sprung der Reizlichthelligkeit von Dunkel nach Hell mit Primärkontraktion und Redilatation nach BRUNN, FALK, MATTHES und MATTHES (1941)
(Teilung der Ordinate in undefinierte Einheiten)

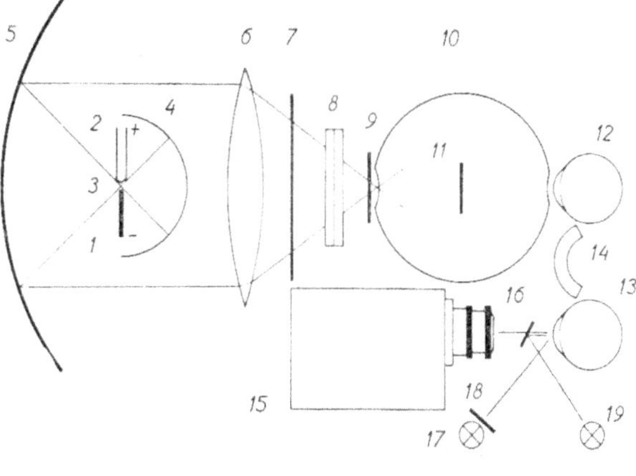

Abb. 4

Versuchsaufbau schematisch
1 Kathode; 2 Anode der Xenon-
lampe; 3 Lichtbogen; 4 Hilfs-
spiegel; 5 Hauptspiegel;
6 Kondensor; 7 Ultraviolett-
filter; 8 Graufilter; 9 Mattscheibe;
10 Ulbricht-Kugel; 11 Schatter;
12 rechtes Auge; 13 linkes Auge;
14 Zubißplatte; 15 Grass-
Kamera; 16 Planspiegel;
17 Blitzlicht; 18 Infrarotfilter;
19 Fixationslicht

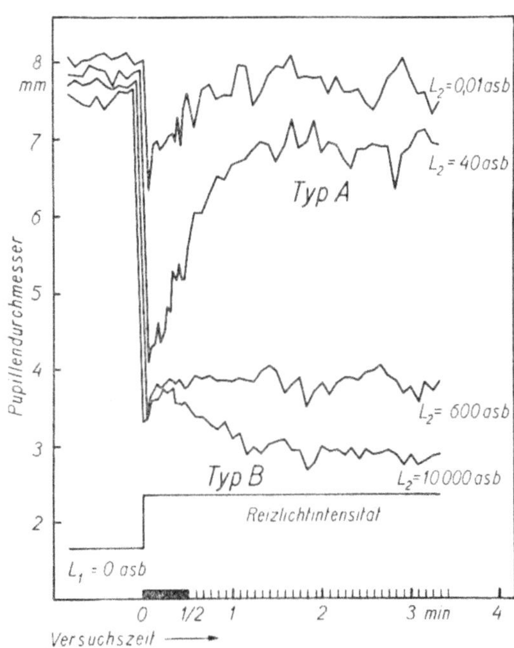

Abb. 5

Pupillenbewegungen nach Sprüngen
der Reizlichtintensität von Dunkel
nach Hell, Kurven nach fotografischen Aufnahmen gezeichnet
Die Bildfrequenz von $t = 0$ min bis
$t = \frac{1}{2}$ min war 2,5 Hz, sonst 0,2 Hz
Versuchsperson Str

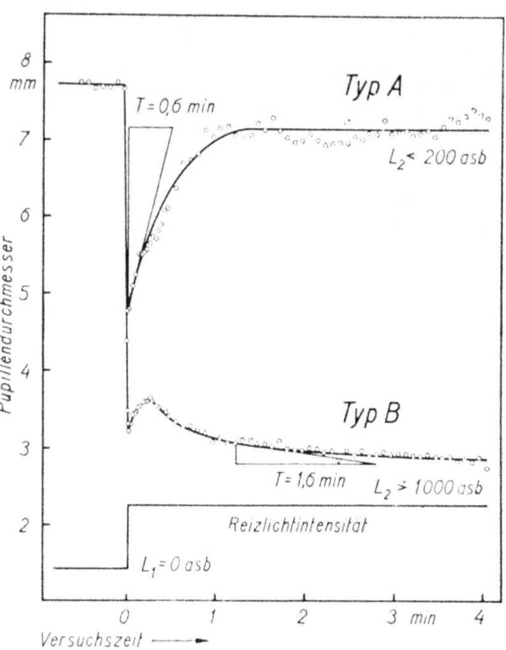

Abb. 6

Pupillenbewegungen nach Sprüngen
der Reizlichtintensität von Dunkel
nach Hell
Die obere Kurve entstand durch
vertikale Mittelung und Glättung aus
8 vergleichbaren Versuchen,
die untere aus 7
Zeitkonstante der Redilatation
0,6 min, der Nachkontraktion
1,6 min
Versuchsperson Str

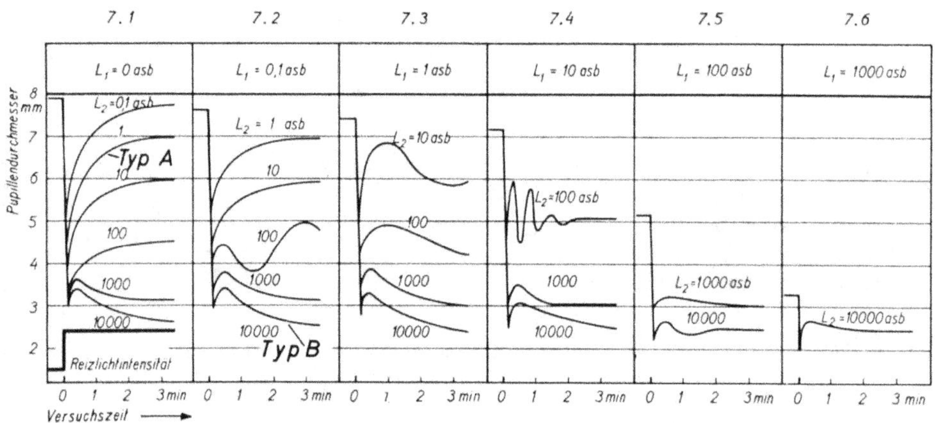

Abb. 7   Pupillenbewegungen nach Sprüngen der Reizlichtintensität von Dunkler nach Heller
für alle Kombinationen der ersten und der zweiten Helligkeit in geometrischer
Abstufung
Kurven aus einzelnen Versuchen, geglättet
Versuchsperson Str

28

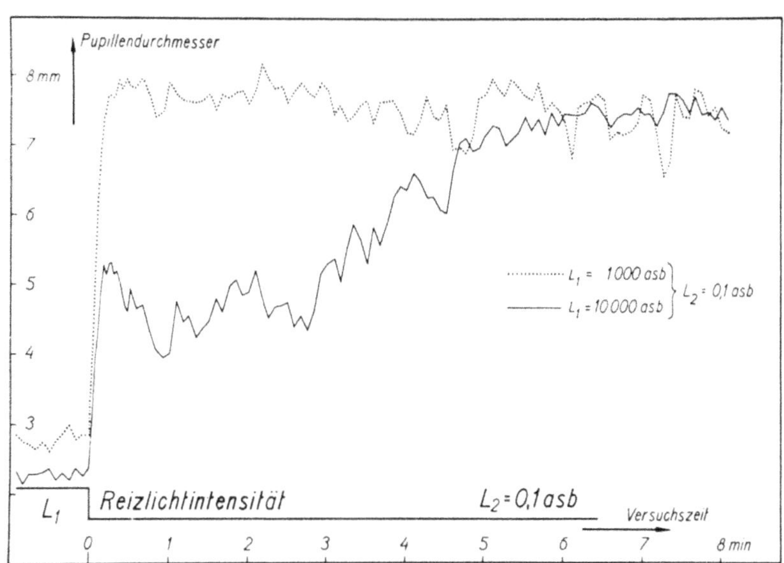

Abb. 8   Pupillenbewegungen nach einem Sprung der Reizlichtintensität von $L_1 = 1000$ asb auf $L_2 = 0{,}1$ asb und von $L_1 = 10\,000$ asb auf $L_2 = 0{,}1$ asb
Kurven nach fotografischen Aufnahmen gezeichnet
Versuchsperson Kl

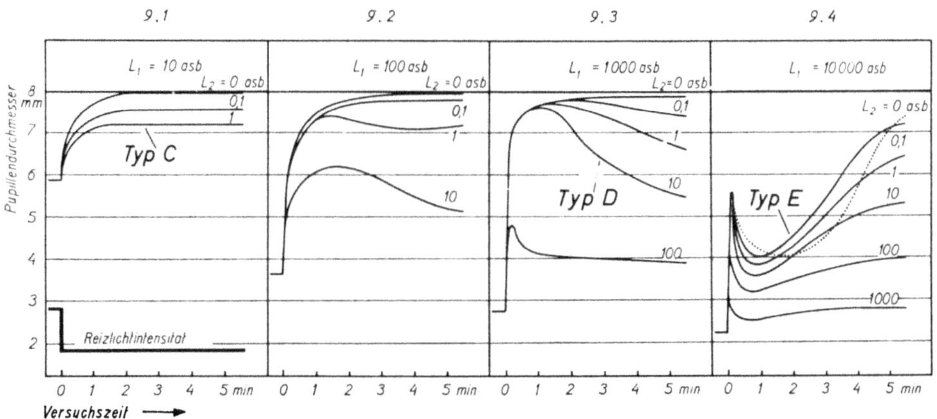

Abb. 9   Pupillenbewegungen nach Sprüngen der Reizlichtintensität von Heller nach Dunkler für alle Kombinationen der ersten und der zweiten Helligkeit in geometrischer Abstufung
Kurven aus einzelnen Versuchen, geglättet
Versuchsperson Kl

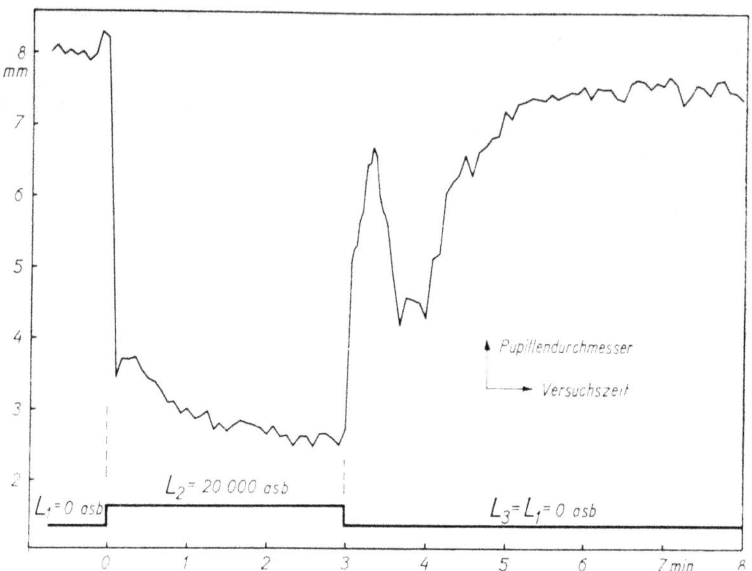

Abb. 10   Pupillenbewegungen nach einem Sprung von Dunkel nach Hell und nach einem Sprung von Hell nach Dunkel in einem einzigen Versuch
Man erkennt Primärkontraktion, Redilatation, Nachkontraktion, Primärdilatation, Rekontraktion und Nachdilatation
Die Zeitkonstante der Nachdilatation ist im Vergleich zu anderen Versuchen verhältnismäßig klein, vermutlich, weil die hohe Helligkeit L_2 nur 3 min lang dargeboten wurde

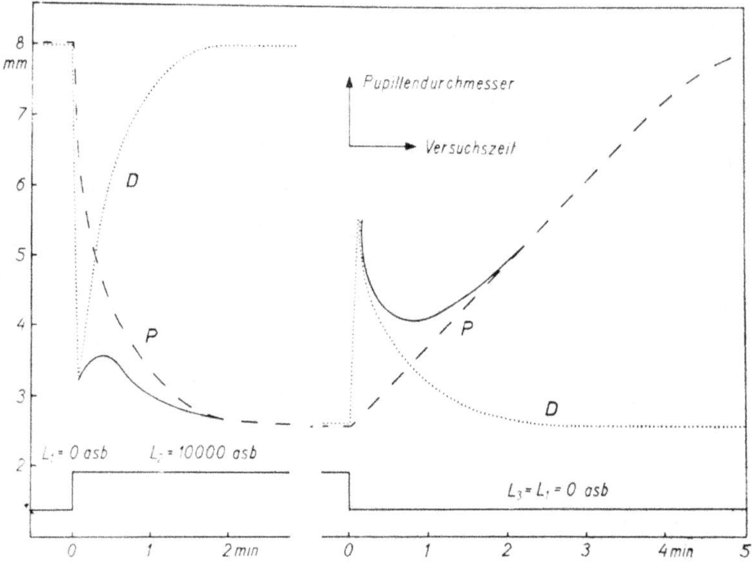

Abb. 11   Übergangsverhalten eines Systems, in dem ein proportional übertragendes Element P mit einem differentialempfindlichen Element D parallelgeschaltet ist
Die Zeitkonstante des Elements P ist größer als die des Elements D
Die Summe der Ausgangsgrößen beider Elemente verhält sich ähnlich wie der Pupillendurchmesser

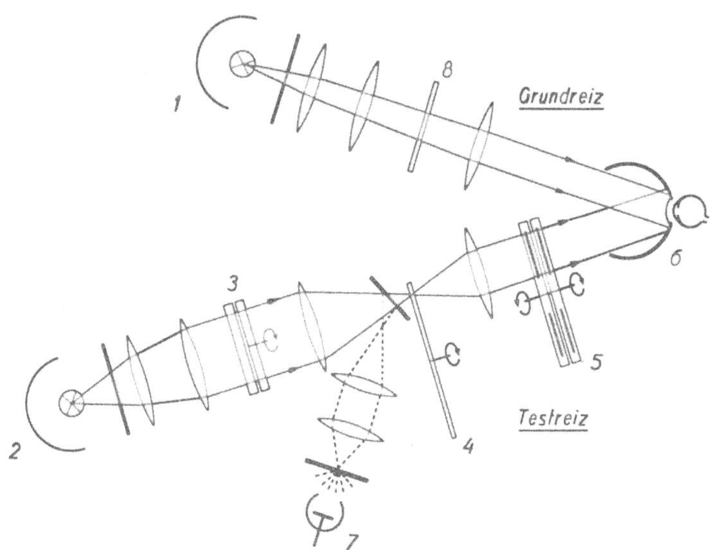

Abb. 12   Versuchsaufbau der psychophysischen Messungen
1 Lampe und Kugelspiegel für den Grundreiz; 2 für die Testreize; 3 feststehendes und
drehbares Polarisationsfilter zur Feinabstufung der Helligkeit der Testreize; 4 Sektorscheibe; 5 Graufilter zur Grobabstufung der Helligkeit der Testreize; 6 Auge und
Tischtennisballkappe mit Halterung; 7 Fotozelle; 8 Graufilter zur Einstellung der
Helligkeit des Grundreizes

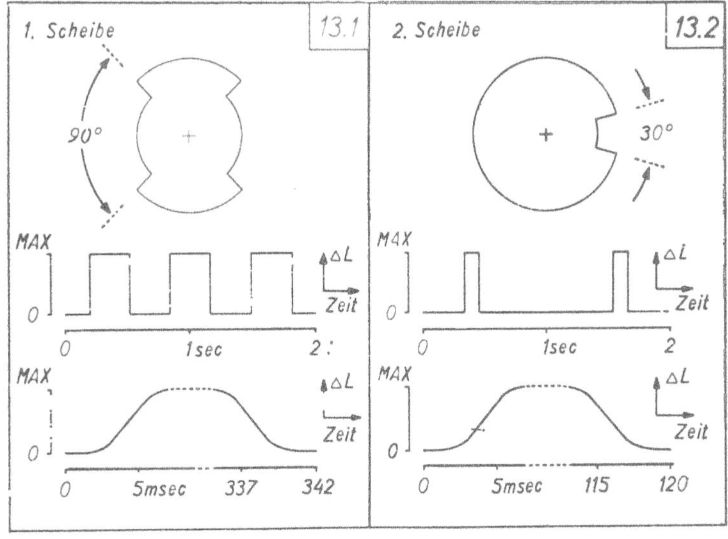

Abb. 13   Maße der Sektorscheiben, links für die erste, rechts für die zweite Scheibe
Jeweils oben   Form der ersten Scheibe
mitten   Aufeinanderfolge der Testreize
unten   Form des Einzelimpulses

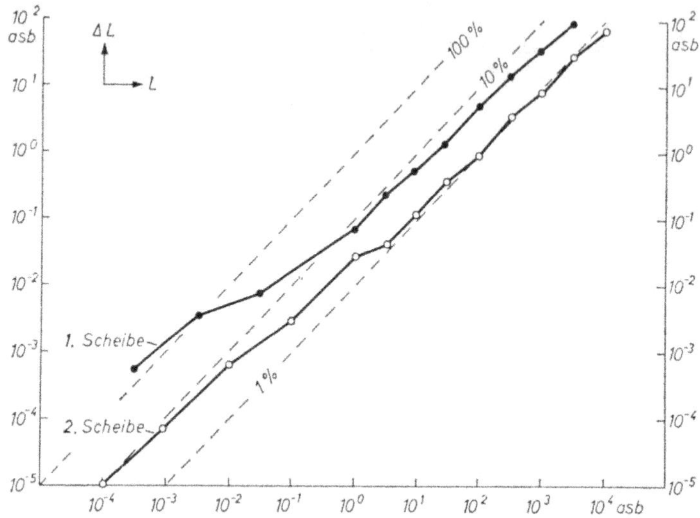

Abb. 14 Statische Reizschwellen ΔL in Abhängigkeit von der Helligkeit L des Grundreizes, getrennt für die beiden verwendeten Scheiben
Die Schwellen für die zweite Scheibe sind um rd. eine Zehnerpotenz kleiner als die für die erste Scheibe

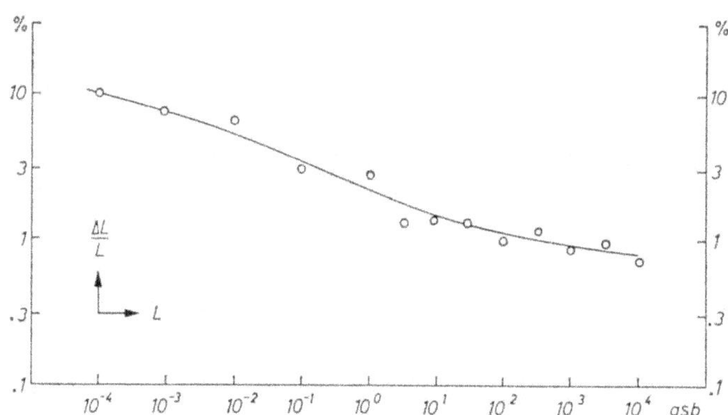

Abb. 15 Relative statische Reizschwellen, $\dfrac{\Delta L}{L}$, für die zweite Scheibe in Abhängigkeit von der Grundhelligkeit L

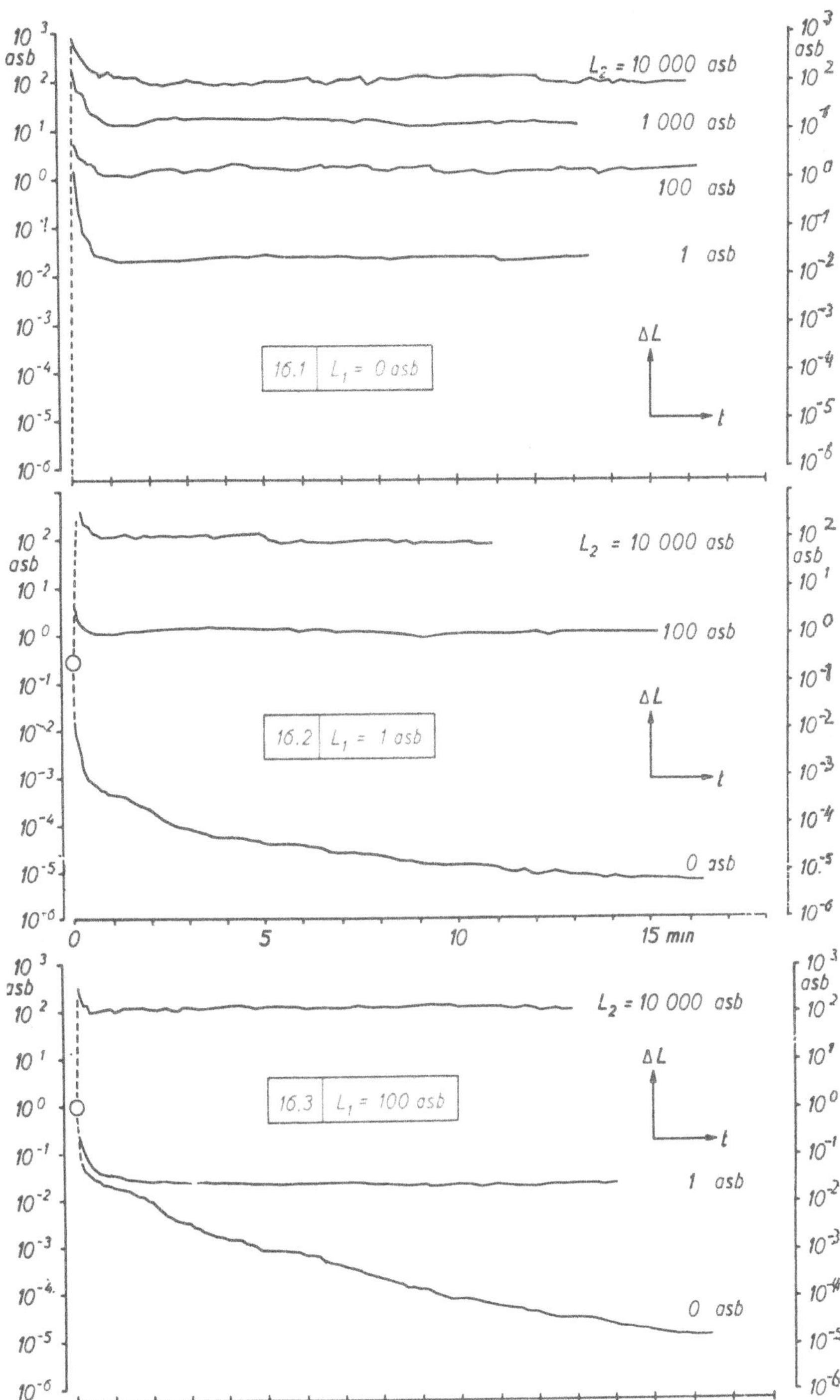

Abb. 16 (16.1–16.5) Übergangsverhalten der Reizschwellen ΔL nach Sprüngen der Grundhelligkeit von verschiedenen Ausgangswerten L_1 auf verschiedene Endwerte L_2
Die Kreise bezeichnen die Schwellenwerte vor dem Sprung
Alle Messungen mit der zweiten Scheibe

(Fortsetzung von Seite 34)

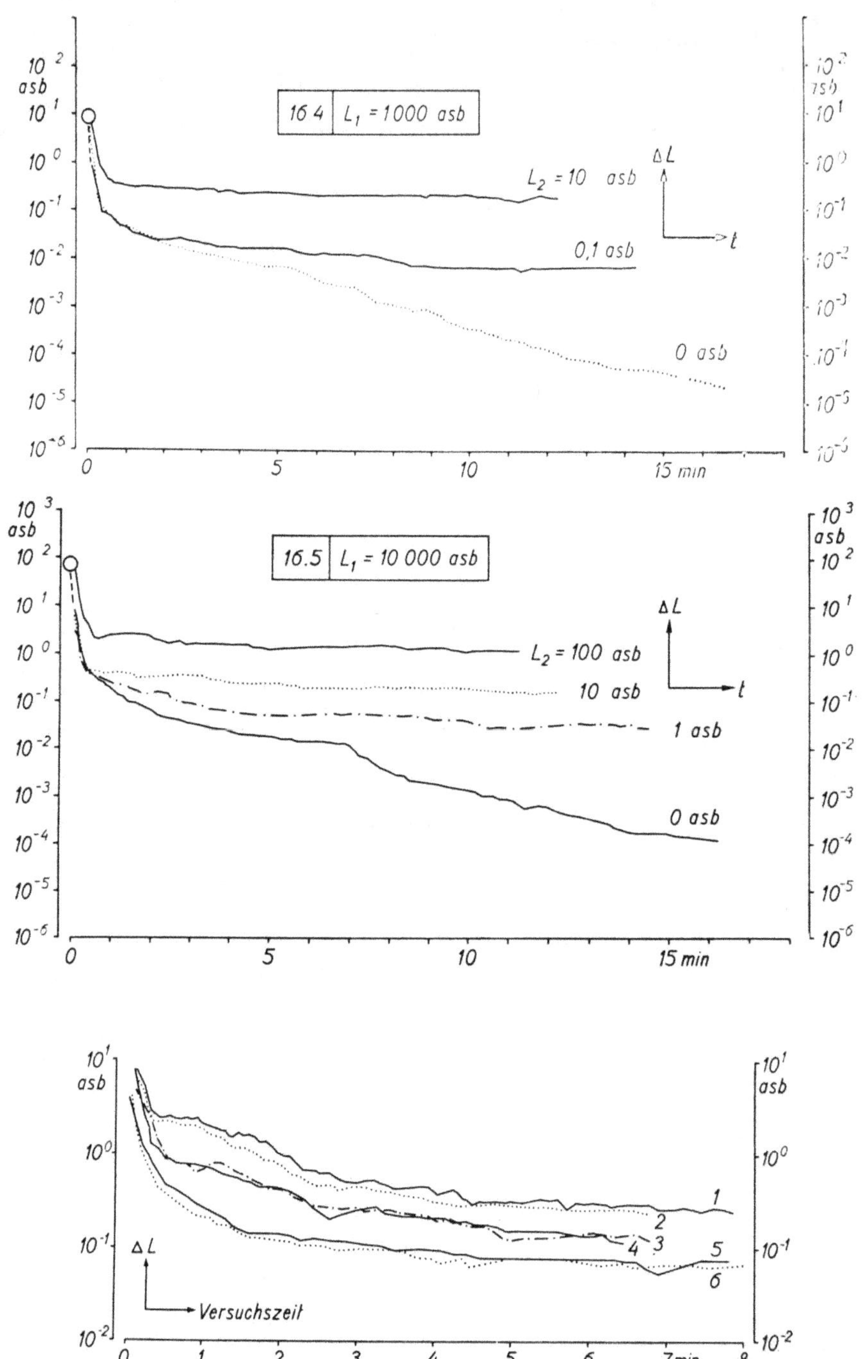

Abb. 17 Übergangsverhalten der Reizschwellen nach Sprüngen der Grundhelligkeit von Heller nach Dunkler

Versuche 1, 2, 3, 4 mit intakter Pupille bei $L_1 = 20\,000$ asb, $L_2 = 2$ asb

Versuche 1 und 2 mit der ersten Scheibe, Versuche 3 und 4 mit der zweiten Scheibe

Versuche 5 und 6 mit der zweiten Scheibe mit künstlich weitgestellter Pupille bei $L_1 = 2000$ asb, $L_2 = 2$ asb

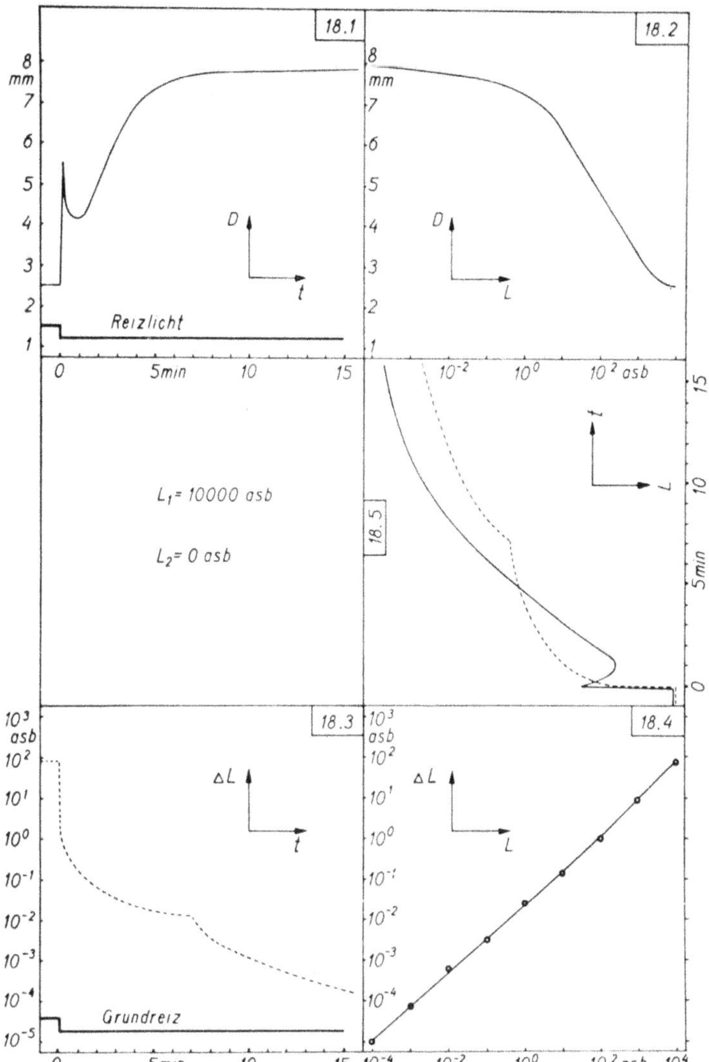

Abb. 18 Konstruktion der »äquivalenten statischen Lichtintensitäten« für die Pupillenweiten und für die Reizschwellen im Verlauf eines Dunkeladaptationsvorgangs
18.1 Bewegungen der Pupille; 18.2 statische Pupillenweiten; 18.3 Bewegungen der Reizschwelle; 18.4 statische Schwellenwerte; 18.5 »äquivalente statische Lichtintensitäten« als Funktion der Zeit, ausgezogene Kurve für die Pupillendurchmesser, gestrichelte Kurve für die Schwellenwerte

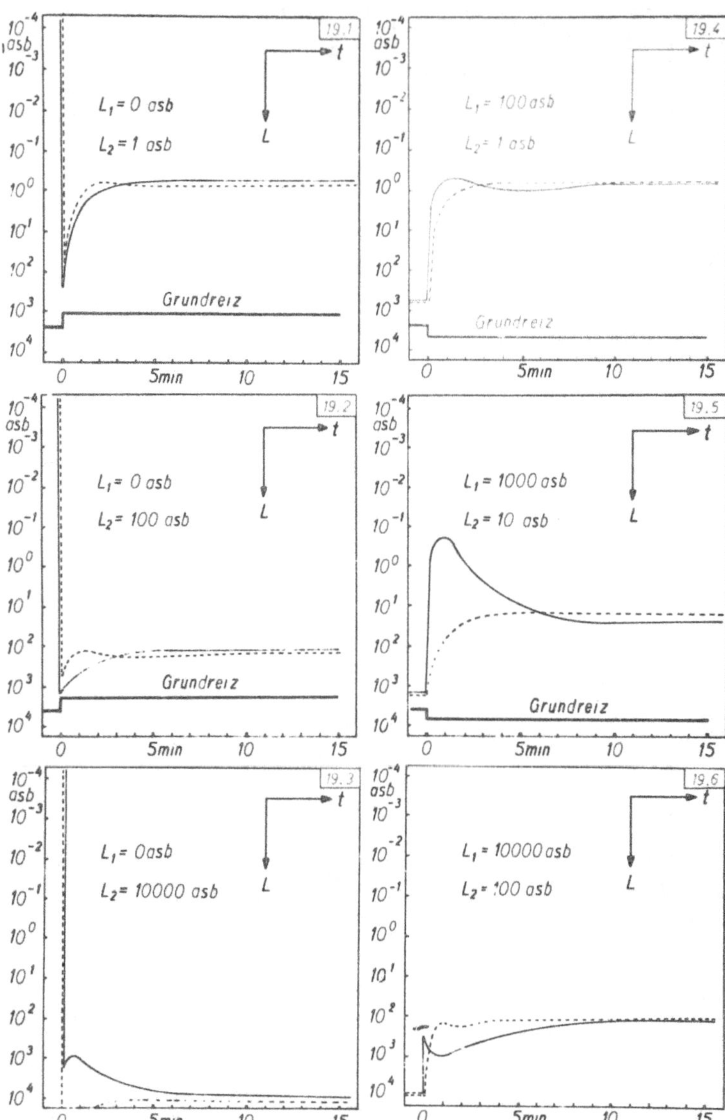

Abb. 19 »Äquivalente statische Lichtintensitäten« für die Pupillendurchmesser (ausgezogene Kurven) und für die Reizschwellen (gestrichelte Kurven) nach Sprüngen der Grundhelligkeit bei verschiedenen Kombinationen der ersten und der zweiten Helligkeit

Forschungsberichte
des Landes Nordrhein-Westfalen

Herausgegeben im Auftrage des Ministerpräsidenten Heinz Kühn
von Staatssekretär Professor Dr. h. c. Dr. E. h. Leo Brandt

Sachgruppenverzeichnis

Acetylen · Schweißtechnik

Acetylene · Welding gracitice
Acétylène · Technique du soudage
Acetileno · Técnica de la soldadura
Ацетилен и техника сварки

Arbeitswissenschaft

Labor science
Science du travail
Trabajo científico
Вопросы трудового процесса

Bau · Steine · Erden

Constructure · Construction material ·
Soil research
Construction · Matériaux de construction ·
Recherche souterraine
La construcción · Materiales de construcción
Reconocimiento del suelo
Строительство и строительные материалы

Bergbau

Mining
Exploitation des mines
Minería
Горное дело

Biologie

Biology
Biologie
Biologia
Биология

Chemie

Chemistry
Chimie
Quimica
Химия

Druck · Farbe · Papier · Photographie

Printing · Color · Paper · Photography
Imprimerie · Couleur · Papier · Photographie
Artes gráficas · Color · Papel · Fotografía
Типография · Краски · Бумага · Фотография

Eisenverarbeitende Industrie

Metal working industry
Industrie du fer
Industria del hierro
Металлообрабатывающая промышленность

Elektrotechnik · Optik

Electrotechnology · Optics
Electrotechnique · Optique
Electrotécnica · Optica
Электротехника и оптика

Energiewirtschaft

Power economy
Energie
Energía
Энергетическое хозяйство

Fahrzeugbau · Gasmotoren

Vehicle construction · Engines
Construction de véhicules · Moteurs
Construcción de vehículos · Motores
Производство транспортных · Средств

Fertigung

Fabrication
Fabrication
Fabricación
Производство

Funktechnik · Astronomie

Radio engineering · Astronomy
Radiotechnique Astronomie
Radiotécnica · Astronomía
Радиотехника и астрономия

Gaswirtschaft

Gas economy
Gaz
Gas
Газовое хозяйство

Holzbearbeitung

Wood working
Travail du bois
Trabajo de la madera
Деревообработка

Hüttenwesen · Werkstoffkunde

Metallurgy · Materials research
Métallurgie · Materiaux
Metalurgia · Materiales
Металлургия и материаловедение

Kunststoffe

Plastics
Plastiques
Plásticos
Пластмассы

Luftfahrt · Flugwissenschaft

Aeronautics · Aviation
Aéronautique · Aviation
Aeronáutica · Aviación
Авиация

Luftreinhaltung

Air-cleaning
Purification de l'air
Purificación del aire
Очищение воздуха

Maschinenbau

Machinery
Construction mécanique
Construcción de máquinas
Машиностроительство

Mathematik

Mathematics
Mathématiques
Mathemáticas
Математика

Medizin · Pharmakologie

Medicine · Pharmacology
Médecine · Pharmacologie
Medicina · Farmacología
Медицина и фармакология

NE-Metalle

Non-ferrous metal
Metal non ferreux
Metal no ferroso
Цветные металлы

Physik

Physics
Physique
Física
Физика

Rationalisierung

Rationalizing
Rationalisation
Racionalización
Рационализация

Schall · Ultraschall

Sound · Ultrasonics
Son · Ultra-son
Sonido · Ultrasónico
Звук и ультразвук

Schiffahrt

Navigation
Navigation
Navegación
Судоходство

Textilforschung

Textile research
Textiles
Textil
Вопросы текстильной промышленности

Turbinen

Turbines
Turbines
Turbinas
Турбины

Verkehr

Traffic
Trafic
Tráfico
Транспорт

Wirtschaftswissenschaften

Political economy
Economie politique
Ciencias económicas
Экономические науки

Einzelverzeichnis der Sachgruppen bitte anfordern

Westdeutscher Verlag · Köln und Opladen
567 Opladen/Rhld., Ophovener Straße 1–3, Postfach 1620

GPSR Compliance
The European Union's (EU) General Product Safety Regulation (GPSR) is a set
of rules that requires consumer products to be safe and our obligations to
ensure this.

If you have any concerns about our products, you can contact us on

ProductSafety@springernature.com

In case Publisher is established outside the EU, the EU authorized
representative is:

Springer Nature Customer Service Center GmbH
Europaplatz 3
69115 Heidelberg, Germany